装备维修保障辅助决策方法

王正元　朱昱　曹继平　宋建社　著

国防工业出版社
·北京·

图书在版编目(CIP)数据

装备维修保障辅助决策方法 / 王正元等著. —北京：
国防工业出版社，2014.2
ISBN 978 – 7 – 118 – 09152 – 6

Ⅰ.①装… Ⅱ.①王… Ⅲ.①武器装备 – 维修 – 军需
保障 – 决策方法 Ⅳ.①E237

中国版本图书馆 CIP 数据核字(2013)第 279221 号

※

国防工业出版社 出版发行

(北京市海淀区紫竹院南路 23 号 邮政编码 100048)
国防工业出版社印刷厂印刷
新华书店经售

*

开本 880×1230 1/32 印张 7⅜ 字数 209 千字
2014 年 2 月第 1 版第 1 次印刷 印数 1—2000 册 定价 36.00 元

(本书如有印装错误,我社负责调换)

国防书店：(010)88540777 发行邮购：(010)88540776
发行传真：(010)88540755 发行业务：(010)88540717

前　言

信息化战争对装备维修保障工作提出了较为严酷的要求,装备维修保障工作面临保障范围大、时间紧、任务重等问题,问题的实质是决策者如何高效利用有限的人力、物力资源在一定的时间、空间范围内完成装备维修保障工作。装备维修保障辅助决策方法是解决这类问题的一种科学方法,无论是对平时装备维修保障工作还是对战时装备维修保障工作,装备维修保障辅助决策方法都能发挥效能倍增器的作用。

本书重点介绍装备维修保障辅助决策中一些关键问题解决的方法,包括备件需求预测问题、存储与运输问题、预防性维修策略问题、维修任务调度问题和维修保障能力评估等。了解装备维修保障辅助决策的方法,对于军事工程技术和管理人员来说非常重要。

本书可以作为装备维修工程、装备管理工程等本科高年级学生、军事运筹学研究生的辅助教材,也可以供工程技术、装备管理工作人员和相关科研人员参考。

本书是在系统总结、吸收作者多年研究工作与教学实践的基础上撰写的。本书的完成得到毕义明、李应岐等教授的支持与鼓励,在此表示感谢。

本书共分七章,全书由王正元统稿。朱昱参加第一章、第二章、第六章的撰写,曹继平参加第四章、第五章的撰写,宋建社指导全书撰写、统稿工作。由于作者水平有限,恳请读者对书中不足之处给予批评指正。

王正元

2013 年 7 月

目　录

第1章 绪 言

1.1 研 究 背 景

我军历代领导人都非常重视科学技术在军事领域中的应用,"科技强军"的正确路线越来越深入人心。尤其是进入 21 世纪以来,越来越多的国家把军队数字化、信息化建设作为军队建设的重点,我军也相应地提出了大力加强部队机械化、信息化建设的方针。在未来战场上,战争表现为高技术条件下的局部战争,而装备维修保障对高技术装备发挥应有战斗力的保障作用越来越显著。信息化战争下,武器装备在战争中表现的是一种体系与体系之间的对抗,主战装备与通信、气象、后勤、电子对抗等保障装备在不同战场条件下,对战争胜负的影响是动态多变的,维修保障要适应这种体系对抗的保障要求,其复杂性与对信息的依赖性均极大增加,而且装备维修保障的难度也进一步增加,保障任务十分繁重,人力、物力、财力消耗巨大,维修资源供应和维修任务需求矛盾突出。如何对装备维修保障做出科学正确的决策,才能为装备维修保障行动争取时间进而提高部队的战斗力,都需要装备维修保障辅助决策工作发挥越来越重要的作用,而装备维修保障辅助决策方法的研究将具有更加重要的意义。

1.1.1 数字化部队及其在高技术条件下作战的特点

数字化部队与传统部队相比,具有显著的优点,主要表现在:作战指挥的快捷性与科学性,编制结构小型化、功能多样化和作战能力超强性。

1. 作战指挥的快捷性与科学性

数字化部队全面使用数字化武器装备作战,实现了作战信息获取、

1

传递、处理和使用一体化，作战信息来源广泛、信息量大，指挥员可随时了解战场态势，指挥灵活、中间层次少，指挥程序简单。由于指挥控制系统采用战场感知技术、作战信息智能处理技术，利用宽带传输技术、信息防护和网络技术，可以将作战单元和指挥机构联结成一个整体，使指挥员可以迅速从各方面传来的信息中快速得到重要战情，进行作战决策并下达作战命令，而单兵也可以从信息系统中获取当前战场态势信息，明确敌我双方位置、战况等。从接收到各方面信息、信息处理、指挥员进行作战决策到发出作战命令，只需要几分钟甚至几十秒，基本接近实时化；而决策依据是全方位的战情信息、智能处理结果和指挥员的判断。相对传统战争中的作战指挥而言，数字化部队作战指挥具有无与伦比的优越性。

2. 编制结构小型化、功能多样化

数字化部队作战单元小型化是它的一个显著特点。编制的小型化使得它具有机动灵活、反应快速、指挥灵便、战斗力强的特点。数字化部队综合使用通信兵、装甲兵、炮兵、机步兵、导弹兵、陆军航空兵和后勤支援与保障等分队，进行一体化联合作战，合成程度高，内部结构紧密合理、协同配合能力和综合作战能力很强。数字化部队作战改变了传统部队作战中依靠单一兵种作战、战情信息不全、指挥决策主观性强的局面，是具有独立作战能力的基本单位和火力单元，可以根据担负作战任务的性质、战场环境、作战规模、作战持续时间和指挥控制能力，灵活地改变作战力量体系，成建制地重新编组，组成新的作战集团，从而实现整体战斗力量的优化。数字化部队作战单元小型化、兵力集成化使得它的功能相对齐全，可以完成多种多样的作战任务，例如应对小规模军事危机、遏制大规模边境冲突，维持和平、进行人道主义救援、打击国际恐怖和犯罪等。数字化部队的这种编制，使得兵种界限变得模糊，作战更加灵活，能力更强。

3. 作战能力超强性

数字化部队和传统部队相比，具有更强的机动能力、协同作战能力、火力打击能力、战斗勤务保障能力、通信能力和信息处理能力，这使得它具有超强的作战能力。以美第 4 机步师为例：机动能力强，该师在战斗条件下一昼夜可机动 150～200km，一次空中机动一个轻型机步连,机动速度可达200km/h;火力打击能力强大,压制火力每分钟可发射288发炮弹,多管火箭炮毁伤距离达35km,能够提供大面积瞬时密集压制火力,空中反坦克火力能有效地打击100km纵深的装甲集团,地面反坦克火力具备一次攻击800个装甲目标的能力;情报与电子战能力强,可侦察监视100~500km距离内的目标,并进行昼夜搜索。编制的专用电子战直升机能够在作战纵深实施攻击干扰,具备很强的目标探测技术与精确制导技术相结合的实体摧毁能力,能够为师提供多路战术卫星通信终端服务,提供数据、图像和语音的保密通信,保障师的指挥、控制、情报、火力动摇和战斗勤务支援。防空能力强。装备的"复仇者"自行防空导弹具有全向攻击和"发射后不管"的能力,"阿帕奇"攻击直升机、"黑鹰"多用途直升机和"科曼奇"侦察与攻击直升机,装备有"毒刺"空空导弹,有一定的防空自卫能力。另外,各国都在研制敌我识别系统,一旦应用战场,战斗力将会大幅上升。

高技术条件下的局部战争,具有作战空间大、战场变化大、装备战损大和战争节奏快等特点。与之对应的装备维修保障呈现以下特点:

(1)装备战损率高,物资消耗大,维修保障任务艰巨。

(2)战争空间广阔,以非线式作战为主,装备维修保障方式多样化。

(3)战争节奏快,部队机动频繁,装备维修保障的时效性要求强。

(4)武器装备科学技术含量高,装备维修保障任务难度大。

(5)武器装备数量众多,信息量大,而维修保障机构分散,组织管理难度大。

这些特点对装备维修保障带来的影响非常巨大。信息化战争中军事装备价格昂贵,战争消耗巨大。既要广泛运用以信息技术为核心的高技术手段,通过优势装备体系的对抗,极大地提高战争的军事效益,又要用最小的战争投入和战争损伤,减少己方战争消耗。如何实现最优规划理念,在很大程度上依赖信息化的军事保障,只有通过信息化途径使装备维修保障实时有效,才能确保作战效果最优化。信息化战争引发了装备维修保障工作的一系列变革,使得维修保障工作呈现出许多新的特点:

(1)保障任务十分艰巨。作战样式的多样化,使装备维修保障愈加复杂艰巨;装备系统的信息化,使装备维修保障难度加大;精确武器大量使用,对装备保障要求更高;战场装备损坏率高,抢救抢修的任务更加繁重;作战机动范围扩大,装备物资器材供应更困难等使得保障任务更加艰巨。

(2)保障时效空前提高。信息化战争突出特点是快节奏、高速度,装备维修保障工作必须做到快速、及时、高效才能满足信息化战争的需要。

(3)保障空间范围不断扩大。装备维修保障空间是指直接作战区域及相关区域从事与装备维修保障有关的活动范围的总称。由于信息化战争战场空间超大多维,范围广阔,与之相适应的装备维修保障的空间也随之扩展。

1.1.2 数字化部队作战对装备维修保障的要求

装备维修保障[1],从广义上说,指为了完成作战任务而提供适用的武器技术装备,并保证处于战备完好状态。狭义上说,是为了发挥武器装备的战、技术性能而对其进行维护、维修、物质器材供应及其组织指挥等,即装备技术保障。它是装备保障的主体。

在未来高技术局部战争中,装备维修保障的地位和作用非常重要,装备器材呈现使用强度高、技术性强、损失和消耗的数量大、种类多等特点,装备维修保障任务十分繁重,保障程度对战争进程和结局有重大影响。我国边界线长,周边环境复杂,突发事件诱因多,应急机动作战纵深大。这使得装备应急保障能力对于取得战争主动权、应对突发事件至关重要。唐晋等在文献[2]中指出:现代战争特别是高技术条件下的局部战争,具有突发性强、目的明确、高强度和作战样式多样性的特点,对装备器材应急保障提出了许多新要求,主要体现在:

(1)高技术条件下应急作战的突发性,加重了装备器材应急保障的起始负荷。现代高技术局部战争突发性强,作战时间短,战争中投入高科技武器装备多,由此装备器材保障装备的高科技含量也大幅提高,必然要求应急保障的维修勤务分队人员具有较高科技素质。

(2)现代战争目的的有限性,决定了装备器材应急保障必须与快速反应部队的作战行动同步。现代战争的时效性,决定了装备器材应急保障必须具有很高的快速反应能力。而战争目的有限性,导致战争在特定的时间和空间内进行,要求装备器材应急保障体系必须实现立体化。

(3)现代战争的高强度性,要求装备器材应急保障必须做到快速高效、功能综合。现代战争的破坏性大、毁灭性强,要求装备器材应急保障必须快速高效。而现代战争是各军兵种协同作战,必然要求具有很强的综合保障能力。

(4)现代战争的多样性,要求装备器材应急保障必须具有很强的反应能力和保障弹性。

1.1.3 新时期装备维修保障存在的问题

信息化战争对装备维修保障能力提出了更高更新的要求。而今装备维修管理方面存在诸多的难题和不足,各种维修任务和资源的计划管理都靠经验,效率低,已不适应信息化战争的需要。主要表现为:

(1)维修任务的繁重性和维修资源的有限性之间的矛盾,对维修任务管理的合理性提出了高要求。信息化战争维修任务重。武器装备集成了最新的科学技术,性能越来越先进,技术越来越复杂,大多数装备是技术含量很高的电子装备,敏感性极高,在战争中又是敌方首先打击和摧毁的目标,而且部分元器件的损坏有可能导致装备完全丧失作战能力,因此战损率高。同时装备在使用中故障发生的概率也明显提高,尤其在恶劣环境中作战的武器装备更易发生故障,维修任务增加,而维修资源有限。装备维修资源包括维修备件、维修人员、维修设施设备、维修技术资料等,是实施装备维修保障不可缺少的基础,由于疲劳、战伤、器材消耗等因素的影响,维修机构(小组)的维修能力非常有限,通常采取一系列方法来提高维修能力,这些方法包括加班加点、调度资源等。最常见的方法是加班加点,虽然这种方法可以在现有的资源情况下提高资源的使用效率,但是人员长时间处于超负荷工作状态将导致维修效率的降低。信息化战争作战地域广,调度资源也存在很大困难,难以全面兼顾,只能保障重点。因此在现有的保障资源下合理地、科学地安排维修活动,快速完成维修任务是实现作战保障的关键。

(2)维修任务和维修资源协同管理已成为难点。信息化战争中,参战军兵种多,战场地域广,作战强度大,情况变化快,装备维修保障力量的组成和内外关系更加复杂,应实行集中统一的装备维修保障指挥,才能充分发挥装备维修保障力量的整体效能,使有限分散的装备维修保障力量聚合形成保障优势,同时要求装备维修保障指挥机构必须加强保障系统内部的协调,确保各军兵种、各专业之间密切配合,协调一致地完成装备维修任务。因此,维修保障不只是保障一个专业、一台装备、一支部队、一个维修机构(修理分队)的任务完成,而是多个作战单元、多个专业、多台故障装备,多级(个)维修机构(修理分队)区域协同保障,要求各保障要素紧密配合、资源共享、协同维修。

另一方面维修任务和资源的动态性为维修工作也带来了难度。战场维修环境的不断变化,维修过程中会遇到各种各样的随机干扰,如维修任务的不确定性,维修能力的变化(如机器故障、人员伤亡、备件消耗与补充等),维修时间的改变等都为装备维修管理优化带来难度。

(3)维修调度方面没有成熟有效的优化体系。目前各国军队采用三级维修体系,分为基地级维修机构、中继级修理机构和基层级修理机构,维修保障的指挥管理主要依靠战前预测、战时机动保障,尚没有一个科学的优化调度系统,调度指挥存在随机性,属经验型管理模式。从实际情况来看,传统的装备维修管理不能够满足高技术条件下作战的要求,许多学者在维修调度方面进行了一些研究,取得了一些成果,但还没有形成一套比较成熟有效的优化体系。

为了赢得未来战争的胜利,装备维修保障需要解决以下问题:

(1)作战强度高,装备器材消耗大,但维修保障水平与此不适应。高技术条件下的作战,首先是投入的兵力、兵器快速集中,参战武器装备的种类多、射速快、火力猛,弹药品种、型号多,消耗量大,保障难度明显增大。目前装备维修保障力量机械化、自动化作业水平还不高,运输手段有待进一步完善,暂时难以完全满足高强度作战对装备维修保障的要求。

(2)作战节奏快,装备损耗率高,但军械技术保障水平较低。高技术条件下作战部队将面临高精度、远距离、高毁伤的火力战,武器装备的战损将成倍增加,而装备的技术含量越来越高,致使装备的抢修任务繁重;战场态势变化急剧,保障时间缩短,受敌威胁加大,军械技术保障任务艰巨。但军械应急保障部队中一般受人才、装备、检测手段等因素影响,不能完全、及时、准确、高效地抢修军械装备,特别是一些高、精、尖武器装备,问题显得更加突出。

（3）战场透明度高,维修保障力量自身安全受敌严重威胁,而装备维修保障力量自身防卫能力较低。由于大量先进电子侦察技术和精确制导武器应用于现代战争,传统的隐蔽、伪装效果降低,战场透明度明显提高。与此同时,现代战争,敌对双方都千方百计地破坏对方的后勤目标和运输线,瘫痪其综合保障能力。对方将使用精度高、射速快、机动性能好、杀伤力大的高技术武器摧毁综合保障力量。由于目前综合保障力量的反电子侦察技术、隐蔽隐身技术、加密技术、自身抗打击及反击能力等还不能完全满足高技术条件下自身生存、防卫的要求,因而需要研究行之有效的手段降低面临的威胁。

王洪光等人指出,装备维修保障还需要解决以下问题:

（1）装备维修保障理论滞后于装备保障建设,需要加强装备维修保障理论体系研究。

（2）装备保障体制还不完善,滞后于新装备要求。新装备的显著特点是"机、光、电、夜、软"一体化,而装备保障体制不健全,制约了新装备战斗力的形成与发挥,需要加快完善装备维修体制。

（3）装备保障力量自身的科技含量不高,滞后于高技术装备的发展,迫切需要提高装备维修力量的素质。

在这些背景下,运用现代科学管理方法和手段,对装备维修保障活动进行精确和有效的预测、计划、组织、协调和控制,在满足军队作战和完成装备维修任务的同时,最大限度地减少保障人力、物力、财力的投入,以获得最大的军事经济效益,是信息化战争对装备维修保障的基本要求,也是提高装备维修保障能力和水平的重要环节,因此如何制定一个维修任务调度方案,合理安排维修任务,科学分配维修资源,对提高维修保障水平至关重要。

对此,需要全面开展装备维修保障理论研究,并做好相关软、硬件建设工作。在理论研究方面,需要研究以下问题:

（1）备件消耗预测问题。对平时、战时备件消耗量进行预测,做好物资准备,尤其是结合装备上故障部件可修复、不可修复的情况分别进行研究,探索备件消耗规律。

（2）备件存储问题。对备件存储模式、存储策略进行研究,减少库存积压,降低存储成本。对仓库设置方式、设置位置进行研究,提高保障效率。有时备件存储问题还需要考虑备件制造厂家的生产能力,尤其是厂家可生产多种备件的情况。

（3）备件携行与配置问题。战时运输力量有限,在有限运力条件下研究备件携行量问题,提高备件保障率。如果维修保障人员有限,考虑到战时武器装备作战功能需求时限性强的特点,还需要综合考虑各方面情况,研究维修能力有限情况下的备件配置问题。

（4）预防性维修问题。在平时武器装备使用过程中,做好装备的维护保养工作,根据装备使用情况科学地组织维修,既可以节约经费,又可提高训练效益。

（5）维修任务调度问题。为了适应战场瞬息万变的情况,科学组织维修力量对武器装备进行抢修,尽快恢复武器装备的战斗力,是装备维修保障理论研究的一项重要课题。维修调度是维修保障工作五个组成部分中极其重要的一个部分,通过优化维修任务调度,能有效提高装备维修资源的使用效率,尤其在战时能够大大缩短武器装备的平均等待时间,在较短时间内恢复装备的战斗力,为战争赢得主动权。因此,对现有维修资源条件下多个作战单元的维修任务优化调度研究,能充分提高对维修资源的使用率,优化维修任务调度方案,对提高装备维修保障能力并尽快恢复作战单元战斗力,具有重要的意义,为装备保障指挥决策提供科学的技术支持。

（6）维修保障能力评估问题。装备维修保障能力评估是装备维修保障建设管理中的关键问题之一,直接引领装备维修保障发展的方向。维修保障能力评估包括维修人员维修能力评估、维修机构保障能力评估和备件仓库保障能力评估等内容。

1.2　研究现状

装备维修保障是指为保持或恢复武器系统的良好技术状态所进行的一系列管理与技术活动过程,是保证武器系统作战效能充分发挥的一个重要方面,是战场上敌我双方作战力量的重要组成部分。如何以最佳的方式,将维修工作的各种要素有机地结合起来,对各个环节、各个方面工作有效地加以组织,使其形成一个相互协调的系统,这个系统就是要使装备在修理过程中,占用的时间最短,耗费最小,质量最高,装备的作战能力最大,一直是各国军队致力于研究的目标。目前对装备维修保障辅助决策方法的研究很多,但是大多数针对某一个方面进行研究。从目前查到的文献看,缺乏对装备维修保障辅助决策方法的系统性研究。下面分别介绍研究内容相关方面的研究现状。

1.2.1 备件消耗量预测问题

备件供应保障是武器装备综合保障十大要素之一,是武器装备保障中影响费用和效能的重要工作,备件是实施维修保障的重要物质基础。而备件消耗量预测又是组织备件供应保障的基础。20 世纪 70 年代美军曾下达指令必须采用数学模型确定备件的数量。

文献[3]研究了备件消耗标准的预测与制定问题,运用平稳随机过程理论,给出了 MA(q)、MA(p)、ARMA(p,q) 三种线性预测模型,在此基础上对模型进行修正,建立了装备备件消耗标准的预测模型。文献[4]使用"趋势修正移动平均预测法"来预测备件消耗趋势,从而确定备件储备定额。文献[5]使用随机服务系统理论、矩阵论和微分方程理论建立了寿命服从负指数分布的元件在维修条件下的需求模型。文献[6]分析了趋势预测法的不足,提出了周期预测方法预测维修用零备件使用量,在研究结果的基础上指出:好的预测方法需要针对不同的情况进行机理性的分析,然后决定采取不同的计算方法。文献[7]基于导弹装备备件储存不合理的现状,探讨了寿命服从指数分布、正态分布和威布尔分布的导弹部件的初始备件需求量,以及可修复件和不可修复件的后续备件数量的计算方法。讨论了备件保障和战备完好性的关系,指出按战备完好性要求配置备件是科学、合理的方法。文献[8]通过确定战时备件需求评价指标体系,运用层次分析原理和灰色理论,建立了战时备件需求的多层次灰色预测模型,并结合参战的某型舰的主机气阀弹簧的战损需求进行多层次灰色预测。

上述这些方法都是从备件消耗的某一特性入手,研究备件消耗量预测问题。由于备件消耗受很多因素的影响,如人为误操作、环境因素、多重故障等,并且不同类型的元器件故障规律性都不相同,而可修复件和不可修复件的消耗特性也不相同。这使得单纯考虑故障属性或者使用趋势预测法难以获得较为精确的预测量,影响决策的准确性。

1.2.2 备件存储策略问题

在很长一段时间内,库存理论主要研究单级库存模式[9],即给定一个仓库,考虑货物的消耗特性、存储费用、订购费用、缺货费用,确定单位时间内平均费用最小的订货量作为最优订购量。后来,人们发现使用多级库存方法可以进一步减少总的费用,诞生了多级库存理论。在多级库存模式下,货物分别存放在中心库和各级子仓库中,一个子仓库可以看成它的下级子仓库的中心库,这些仓库就近向需求点供应货物。相对而言,多级库存模式具备一定的优越性,主要体现在三方面:

(1)子仓库就近供应,减少供应延迟时间,提高服务效率。

(2)需求随机变化的情况下,达到相同保障率的条件下可以使子仓库存货量较少,而中心库存货量多。这样减少了货物积压,提高了货物利用率。

(3)一般而言,多级库存模式可以大大降低总费用(包括订购费、存储费和缺货费等)。

多级库存理论的发展经历了多个阶段,见表1.2.1。

表 1.2.1 多级库存理论发展情况

主要贡献者	主要内容
Shvbrooke[10]	考虑多级库存系统物质需求规律、系统目标函数等,提出了 METRIC 模型
Simon[11]	简化了 METRIC 模型,得到问题的精确解
Muckstadt[12]	考虑了货物多渠道获取的情况,得到多种货物、多订单情况下的模型
Slay	提出了 VARI – METRIC 模型,简化了模型计算问题
Graves[13]	使用仿真方法研究了 VARI – METRIC 模型的精度

由于多级库存存在的优越性,使得人们总是认为任何备件的存储都应采取多级库存方式;并且存储策略都是采取安全库存策略,每次订购量均为常数。实际情况可能并非如此,对一般情况下备件是否应该采用多级库存模式、库存策略如何,还没有人进行研究。此外,对于订购一种备件的情况,文献研究较多,而通常一个厂家可生产多种产品,对于同时订购多种备件的情况研究较少。平时训练中备件可以存放在固定位置到仓库中,战时备件是应该大量组织地方人员对部队作战进行保障还是采用更加灵活的方式保障,值得深入研究。

1.2.3 备件携行与配置问题

备件携行量是为了保障作战单位战场修理需要,修理机构应具备的备件数量。文献[14,15]介绍了基于保障度的携行量模型、基于运输能力的携行量模型。基于保障度的携行量模型中估计了备件消耗量,并在运输质量约束条件下求取备件携行量。基于运输能力的携行量模型主要考虑了使得抢修时间最小化的备件携行量问题。这两个模型没有全面考虑约束条件,如同时考虑体积和质量等。此外,备件携行量问题的目标函数可能存在多种形式的表达式,文献[14,15]中基于保障度的携行量模型为一般表达式,缺乏具体的表现形式,需要进一步根据具体情况给出目标函数,并进一步采用、研究更好的求解方法。此外,要求的保障度受到维修保障力量和作战时间等因素的限制,因而备件携行量太多将变得没有意义,反过来可能影响作战的顺利进行、造成大量浪费,不利于战争的持续进行。因此,需要深入研究影响备件配置的各种因素,寻找更加切合实际的备件配置方法。

1.2.4 基于状态的预防性维修问题

装备维修方式经历了四个阶段:故障后修复性维修、定期预防性维修、基于状态的预防性维修和预知性维修。

故障后修复性维修又称为事后维修方式,它是早期维修方式,受人类对故障规律性认识不足的影响,在20世纪30—40年代为主要维修方式。

定期预防性维修诞生于20世纪50—60年代,在一定程度上克服了事后维修的不足,是早期的预防性维修方式,浪费了设备的剩余价值。

基于状态的预防性维修又称为视情维修,它以可靠性为中心。相对于定期预防性维修而言,视情维修缩短了停机时间,延长了使用寿命,降低了维修费用。

对装备进行维护保养的方式有故障后修复性维修、预防性维修和预言性维修等。预言性维修是维修的最高阶段,目前主要维修方式是预防性维修。预防性维修分为定期预防性维修和基于状态的预防性维修两种。基于状态的预防性维修又称为视情维修,即根据检查获得的装备当前信息,确定下次检查时间间隔或者对装备进行维修。一般而言,视情维修比定期维修更加有效。

文献[16]提出了定期维修情况下确定维修时间间隔的方法。文献[17,19]考虑了役龄回退因子,以总成本(修复性维修成本、预防性维修成本与生产损失成本之和)为目标函数,建立了预防性维修模型,没有考虑设备携行时间因素。文献[20]把系统劣化过程离散化,并采用马尔科夫过程描述系统状态变化过程,取得了预防性维修策略优化问题的解析模型,并使用优化方法求解,得到了较好的结果。文献[18]采用仿真方法,这种方法需要的时间较长,并且计算结果存在一定的误差。

为了制定更加切合实际的预防性维修策略,需要在离散状态的基础上研究一般规律。文献[20]的方法只考虑了一种特殊分布下的预防性维修策略优化模型,而装备劣化过程往往呈现多样性,需要研究一般性的变化规律。此外,以预防性维修费用最小化作为预防性维修策略优化的目标,没有考虑装备在故障后修复性维修前的使用时间,是不完善的。

1.2.5 维修任务调度问题

调度理论的研究如今已受到国际上的广泛关注,它解决了工程中的许多实际问题,提高了生产、工作效率,如车间调度问题、成像侦察卫星调度问题、车辆调度问题等。本书装备维修任务调度的概念主要指在武器装备维修保障过程中,对于已经确定的维修资源分配方案,通过优化调度任务,使得维修保障能力最大。具有优化组合能力的装备维修调度系统,在维修资源有限情况下,是解决战场维修能力不足最有效的手段。该问题属于装备维修管理研究的范畴,是典型的优化问题,也是军事运筹学研究的前沿问题。

调度(Scheduling)问题,也称排时或排序问题。调度问题的研究工作是在制造业背景下发展起来的。一般认为,约翰森(Johnson)于1954年发表的对两台机床的 Flow - shop 型调度问题的论文是最早研究调度问题的文献。此后,调度问题的研究因其应用范围的不断扩大而渐受关注,现已发展成一门集运筹学、系统科学、控制科学、管理科学和计算机科学等多个学科领域于一体的交叉学科,广泛应用于工程技术和管理工程的各个领域。人们利用调度理论解决了许多问题,许多学者都致力于这方面的研究,并取得了大量研究成果。不仅如此,各种新方法和新技术也都被应用于解决调度问题,如基因算法、人工神经网络、遗传算法和蚁群算法等。

关于调度问题的数学模型形式很多,研究目标的侧重点可根据调度目标、资源约束种类和数量、生产特点来分类。在实际工作中根据满足目标的不同,调度问题可分为单目标调度模型和多目标调度模型。表1.2.2 中包含了维修生产中常用的一些性能指标。

表1.2.2　维修生产中常用的性能指标

名称	极值	描述
维修周期	最小	在故障件中最后完工的工序时刻
平均延误时间	最小	不能按期完工的平均时间
人员利用率	最大	维修人员的使用效率
维修成本	最小	维修费用
设备利用率	最大	维修设备的使用率

有些预防性维修周期模型,以故障件维修成本、预防性维修成本和生产停滞造成的损失成本三部分组成费用最小为优化目标,以开展一次预防性维修所需的最小作业时间为约束条件。一些电力维修调度模型中,以计划内维修费用最小为目标,以满足 t 时间区间内电力能源要求、维修时间窗口、允许维修的最大数目为约束;有些电力系统的维修

调度模型以一年中设备可靠性最大为目标,区间允许的最小电网阈值,维修开始后不许中断,并行维修的最大部件数目,维修的顺序等多种约束条件。对并行维修生产进行优化调度时,使用甘特图和网络计划技术分别以维修时间、时间—成本、时间—资源为目标,这在列车调度、飞机调度等任务中较为普遍。

根据调度资源的种类和数量不同可分为单资源调度、双资源调度和多资源调度。单资源调度中只有一种资源约束维修生产能力。在绝大多数相关的文献中,单资源一般指维修生产环境中,设备或人员的数量满足维修加工工序的需要。双资源调度时同时有两种资源制约着生产能力。设备往往是制约资源之一,有经验的或一技之长的工人,备件的数量等也是制约维修能力的重要因素。而多资源调度中同时有两种以上的资源制约维修生产能力。

根据维修生产特点可分为静态维修调度和动态维修调度。静态维修调度指所有的维修任务在开始调度时刻已经准备就绪,调度不考虑在维修过程中出现的意外情况,如设备突然损坏,维修交工期缩短,有更重要部件要求维修等。动态维修调度指考虑在维修过程中可能出现的各种意外情况,这种调度方式要求调度能随时响应变化,有突发事件出现后,根据当时的维修能力,对维修重新展开调度,确保任何时候保持最优或次优状态。

调度计算复杂性理论表明,多数调度问题都属于组合优化理论中的 NP 难题。最初采用精确求解方法,虽然可以获得最优解,但计算规模不可能很大,且实用性差。近年来努力发展了统计式全局搜索技术和人工智能的方法,求解时不一定能够得到问题的最优解,但所需计算时间相对较短,并且可求解较大规模调度问题,实际应用中一般采用近似方法,如禁忌搜索方法、模拟退火方法、遗传算法等智能优化方法。常用的精确求解方法有线性规划法、整数规划法、动态规划以及排队论等。

1. 精确求解方法

线性规划是在满足一线性约束的条件下,求取多变量线性函数的最优解。首先将调度问题的目标函数与约束条件用线性规划方程表示出来,然后利用单纯形法对问题进行求解。

整数规划是指自变量限制为整数的数学规划。大多数的调度问题可以表示为整数规划的形式,解决整数规划常用的数学方法有割平面法、隐枚举法和分枝定界法等。对于调度问题,分枝定界法是应用比较广泛的精确算法。但分枝定界法适合求解小规模调度问题,当问题规模增大时,计算量将急剧膨胀,这限制了它在大规模调度问题中的应用。

动态规划是解决多阶段决策过程最优化的一种数学方法。最早由 Bellman 提出,在很多优化领域得到了广泛应用。自 1962 年 Held 和 Karp 将动态规划方法应用到生产调度中以后,动态调度已经成功应用于生产计划、资源分配等问题。

排队论又称随机服务系统理论,是用于解决排队系统问题而发展的一门学科。在调度中,排队论仅仅适合对调度系统的性能分析,然后设计合适的配置规则。例如:可以利用排队原理确定车辆维修保障中维修组的个数。

对于小规模的调度问题,上述精确求解方法可以在较短时间内求得问题的最优解。随着问题规模的增大,求解所需时间呈指数规律递增,这些方法实用性较差,而该类方法大多基于某些理想化的假设,不能充分反映实际环境的复杂性、不确定性和动态性。Maccarthy 和 Liu 指出经典的调度优化理论在实际生产中应用很少,最优化方法一般只具有理论研究价值,缺乏实用性,所以单独使用此类方法解决实际调度问题是不现实的。

2. 启发式方法

启发式方法针对调度问题的 NP 特性,并不试图在多项式时间内求得问题的最优解,而是在计算时间和调度性能之间进行折中,以较小的计算量来得到近似解或满意解。启发式方法通常指的是分派规则。由于启发式规则计算复杂度低,易于实现,故在生产中得到了广泛的应用。在过去的几十年中,大量的分派规则性能已经通过仿真技术得到研究。但启发式规则仅考虑局部信息,一般不能实现全局优化。

3. 基于仿真的调度方法

基于仿真的调度方法不单纯追求系统的数学模型,侧重对系统中运行的逻辑关系的描述,能够对调度方案进行评价,为实际调度采用合适的调度算法提供依据。但应用仿真进行调度的费用高,仿真的准确性受程序员判断能力和水平的限制,甚至很高精度的模型也无法通过实验找到最优调度,并且很难从特殊的实验中提炼出一般规律。

4. 智能优化方法

智能优化方法从若干解出发,对其邻域的不断搜索和当前解的替换来实现优化。主要方法有模拟退火算法、禁忌搜索、遗传算法、人工智能方法等。

模拟退火算法将组合优化问题与统计力学的热平衡问题类比,使用了概率突跳特性跳出优化问题的局部极值点。通过模拟退火过程,可能找到全局最优解。它的收敛速度慢,很难用于实时动态调度环境。

禁忌搜索是 Glover 提出的用于解决组合优化问题的一种高级启发式方法,采用禁忌表策略以确定的方式跳出优化问题的局部极值点,并记录已经到达的局部最优点,在下一次搜索中,按照禁忌规则在一定范围内展开搜索,达到减少计算量的目的。

遗传算法借鉴了达尔文的进化论思想,在初始种群的基础上采用选择、交叉、变异算子逐步进化,经过优胜劣汰过程,最后得到问题的次优解。遗传算法成为近年来解决调度问题的最主要的方法。与其他方法相比,遗传算法的优越性主要表现在:搜索过程中不易陷入局部最优,能以极大的概率找到全局最优解;具有并行性,非常适合于大规模进行分布处理,易于与别的技术(如神经网络、启发式规则等)相结合,形成性能更优的算法,但遗传算法的搜索效率低、易于早熟。

人工智能方法是利用人工智能的原理和技术进行搜索,譬如将优化过程转化为智能系统动态的演化过程,基于系统动态的演化来实现优化,主要有:神经网络、专家系统、蚁群算法、粒子群算法等。该类方法中粒子群算法、蚁群算法等具有计算效率高、求解规模相对较大等特点,是较好的群智能算法。研究具体的调度问题时,需要根据问题的特性来选择或设计合适的调度算法。

装备维修保障中各种维修任务和资源的计划管理主要靠经验。维修任务的调度遵循先到先服务模式。显然,这种调度方法没有考虑维修工作调度对平时训练工作的影响,也没有考虑战时故障装备在维修系统中逗留时间对作战的影响,很难满足高技术条件下作战的要求。

随着现代科学技术的发展,特别是计算机网络技术和数据库技术的出现,近年来,运用现代管理的理论和方法对装备维修优化保障的研究引起全军的重视,并取得了许多阶段性的成果。文献主要研究了装备维修保障问题,如对装备进行状态检查、基于状态检查结果进行装备维护的策略优化等。装备修理过程中,怎样利用有限的维修资源最大限度提高维修任务的效益、尽快地恢复部队战斗力的问题研究较少。

对于装备维修任务调度优化问题,主要是定性研究。如一些文献阐述了制定维修方案的目的、内容以及形成过程、维修级别和修理策略等问题,并对制定和优化保障系统方案的过程进行了分析。维修方案的优劣受多种因素影响,而影响保障性的诸多因素相互之间是关联的,甚至是相互制约的,需要综合评价和权衡分析才能达到方案优化的目的。

为了较好地解决维修任务调度中存在的各种问题,文献中大多简化实际情况,以0-1型整数规划的任务指派模型为基础,提出一种装备维修任务指派模型。这种模型过于简单,只考虑维修人员对任务分配的约束,没有考虑到其他维修资源、任务的优先级、维修时间、维修费用等约束条件的限制,评价指标也过于单一,只是单纯地使维修时间最短,或笼统地定为完成所有任务的代价最少。此外,为解决故障件排序问题,可引入模糊数学理论,建立了使总延期交工零件个数最少的决策模型。对于维修任务调度问题,军械工程学院的夏良华分析了高技术战争条件下装备保障任务具有显著的动态性,在资源冲突的情况下,给出装备保障任务的动态调度流程,但没有形式化的模型描述。如果利用网络技术图对维修生产实行调度,网络技术图调度速度较慢,难以实现装备维修信息实时化。

现有的维修任务调度方案的不足表现在三个方面:① 优化方法没有和作战任务很好地结合起来,而作战任务是装备战斗力的体现,是维修方案制定的基础。② 各种算法没有体现装备在作战中的地位,应该充分考虑装备的重要度。作战单元拥有大量的装备,根据作战要求的不同,它们在作战中所占重要地位和所起重要作用是不同的,所以应根据装备重要性和维修的实际情况将装备分类。③ 不能根据维修环境、装备状况、装备维修记录等及时调整装备的维修方案。

提高装备维修保障能力一直是各国军队致力研究的范畴。美军认为，"维修保障工作的任何环节的中断都会影响到军队的战斗力"，"如何使大量的武器装备保持良好的技术状态和机动性，也就等于增强了部队的进攻锐势。"为此，投入大量的人力、物力、财力进行后勤保障的运筹研究，建立了诸如海军航空司令部综合飞机保障效能评估（CASSE）模型，海军后勤分析模型等及相应的软件系统。法国国防部于2000年6月批准成立了法国海军舰队维修保障部。该部成立后不久，为了提高舰艇修理能力和降低维修费用，迅速组建了一个修船厂和其他一些新机构，改进了舰艇及其装备的维修策略、方法和程序。最近，美国海军陆战队提出装备保障转型的目标，提出优化作战部队的保障，其中一个目标就是优化采办、供应、维修等。此外，国外对维修调度在民用领域方面的研究比较多，美国能源部的一份报告就以《Guideline to good practices for planning, scheduling, and of coordination maintenance at DOE nuclear facilities》为题，文中以一章的篇幅专门介绍核设施的维修调度的要求、调度的方法、调度的准备等。

总之，目前文献反映研究工作大多以单个故障装备为研究对象，没有考虑装备的整体性，没有把作战单元作为一个整体保障对象来研究。而武器装备的使用与维修保障具有与独立装备所不同的诸多特点，如型号上呈现多样性，在任务中具有不同地位与作用，在任务目标上具有一致性，在地域空间上具有广阔性，在时间上具有先后性，在任务强度上具有不均匀性，在对各类保障资源的需求上，既具有特殊性又具有共同性等。其次，大多数研究是基于故障装备的全部维修工作都由某一维修小组来完成这种简单的维修组织实施方法下的调度。在武器装备维修保障中，根据维修机构（分队）的规模大小、不同级别所采用的维修组织实施方法是多种多样的。如有些维修组织实施方法需要考虑武器装备维修保障工作的专业，有些可以不考虑其专业，还有些既需要考虑武器装备维修保障工作的专业，又需要考虑维修保障工作相关业务流程。现有的大量研究工作中没有考虑其他维修组织实施方法下的维修任务调度方法，使得单纯考虑独立的多台故障装备和唯一的修理组织实施方法难以得到较好的维修方案。

1.2.6 维修保障能力评估问题

对装备维修系统而言,维修保障能力评估工作主要是对维修人员、备件以及维修机构的保障能力进行评估。

维修人员维修保障能力评估是维修机构维修能力评估的重要一环,也是维修机构管理工作中的重要组成部分,评估结果可以作为合理配置维修力量的依据。科学、合理的维修人员维修保障能力评估方法不但有助于鼓励先进,还可以促进维修机构朝正确的方向迈进,为实现组织的长远建设目标奠定坚实的基础。系统评价方法很多,主要有模糊综合评判法、层次分析法、价值分析法、统计量化方法、矩阵法和相关树法等。对装备维修保障能力的评估大多采用模糊综合评判方法、层次分析法等基于加权模型的方法,而实际情况中的复杂关系使得维修保障能力评估是一个复杂的多层次评价模型,使用简单的加权模型不能较好地反映多个影响因素对维修保障能力的影响。从查到的文献来看,专门评估维修人员维修保障能力的文献较少。

备件库保障能力评估是维修机构管理工作中的重要组成部分,评估结果可以作为合理配置维修力量的依据。科学、合理的备件库保障能力评估方法有助于提高备件库的保障能力,促进备件库管理现代化、信息化。从查到的文献来看,专门评估备件库保障能力的文献较少。一般的系统评价方法很多,如模糊综合评判法、层次分析法、价值分析法、统计量化方法、矩阵法和相关树法等,这些方法是一些基本的方法。在实际应用中,由于应用对象的特殊性和系统复杂性,往往需要构造更加合适的评价模型。粗略地说,对装备保障能力的评估大多可用模糊综合评判方法、层次分析法等加权模型,而备件库保障能力及其影响因素的复杂关系使得备件库保障能力评估是一个相对复杂的评价模型,简单的加权模型不能较好地反映多个影响因素对维修保障能力的影响。系统效能分析(System Effectiveness Analysis,SEA)方法是一种较好的系统效能评估方法,SEA方法认为系统效能表现为系统轨迹中的点落入使命轨迹内的概率。显然,SEA方法没有考虑环境因素的变化,而备件库保障能力评估需要考虑环境因素的变化。张建军等人提出了给定备件寿命分布时可修、不可修备件保障度评估的方法。对备件库保障能力评估时,需要对它所提供备件的保障能力进行评估,但这种评估有特殊的背景。

维修机构保障能力评估是部队管理工作中的重要一环,也是维修机构职能发挥、发展的依据。由于维修机构所属维修人员、维修设施与设备众多,并且维修机构的编制、体制结构等都对维修保障能力等产生影响,因而维修机构维修保障能力评估是一个比较复杂的问题。穆富岭等人提出了装备维修系统效能评估的方法,只是对维修系统各组成要素进行了综合评估,评估结果与装备维修系统完成任务的能力联系不大。

综上所述,装备维修决策方法的理论与应用的研究已经取得了一定的进展,并引起越来越多的关注。从目前了解的情况看,还需要作进一步深入、系统的研究。

1.3　本书结构与主要工作

本书组织结构如图 1.3.1 所示。

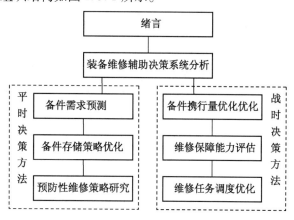

图 1.3.1　全书组织结构图

本书介绍了装备维修辅助决策的几个关键问题,主要分为七章。

第 1 章绪言。介绍了当前部队建设的发展趋势,新形势下装备维修保障工作需要解决的问题,装备维修辅助决策方法现状。

第 2 章装备维修辅助决策系统分析。简要分析了装备维修保障系统的组成因素，阐述了装备维修辅助决策系统的组成及其功能，并简略介绍了常用的决策方法。

第 3 章备件需求预测方法。对备件需求预测问题进行了研究，针对可修复备件和不可修复备件分别介绍了备件消耗量预测的仿真方法。

第 4 章备件存储策略、备件携行量与配置优化方法。对备件存储问题进行了研究，介绍了确定备件存储策略、订购数量和库存级别的方法以及同时订购多种备件的优化策略，并针对战时作战需求的特点介绍了一种新的可移动仓库设置优化方法；对伴随保障分队的备件携行量问题进行了研究，以提高备件保障率为目标，提出了确定备件携行量的优化方法，并进一步介绍了考虑维修力量的备件配置优化方法。

第 5 章预防性维修策略研究。和平时期，部队装备维修保障活动主要是装备的使用维护，本章对贵重部件的预防性维修策略进行了研究，使用本方法可以有效降低所需装备维修经费。

第 6 章维修任务调度方法。战争时期，装备维修保障工作分秒必争，为部队夺取战斗胜利提供坚强有力的保障。本章结合部队特点，以尽快全面恢复作战单元的战斗力为目标，建立了维修任务调度模型，提出了模型求解方法，较好地解决了战时维修任务调度问题。

第 7 章维修保障能力评估方法。对维修人员、备件库和维修机构保障能力评估问题进行了研究，分别建立了相应的评估指标体系，并建立了综合评估模型。

参 考 文 献

[1] 王洪光,郭秋呈,王学智,等.高技术条件下的装备保障[J].装甲兵工程学院学报, 2001, 15(1): 1 - 5.

[2] 唐晋, 王云涛, 毕晟. 战时装备器材应急保障探析[J]. 物流科技, 2004, 27(104): 80 - 82.

[3] 毕义明, 王汉功. 武器装备损耗备件预测模型研究[J]. 装备指挥技术学院学报, 2004, 15(1): 1 - 4.

[4] 黄秀琴, 高志坚. 备件消耗预测与备件储备定额的确定[J]. 真空, 2002, (4): 49 - 52.

[5] 王开华.维修条件下电器设备备件需求模型[J].系统工程学报,1994,9(1)：124-129.

[6] 王苏平,廖向红.维修用零备件使用量预测技术[J].航材管理,2002,(1)：28-29.

[7] 于静,吴进煌.导弹武器装备备件数量计算方法研究[J].战术导弹技术,2003,(2)：56-60.

[8] 周仁斌,王国富,浦金云.战时装备备件需求的多层次灰色预测[J].军械工程学院学报,2002,14(3)：38-42.

[9] 运筹学编写组.运筹学[M].北京：清华大学出版社,1990.

[10] Shvbrooke C C. METRIC：A multi-Echelon technique for recoverable item control[J]. Operations research, 1968：16.

[11] Simon R M. Stationary properties of a two-echelon inventory model for low demand items[J]. Operations research, 1971；19.

[12] Muckstadt J A. A model for a multi-item, multi-echelon multi-indenture inventory system[J]. Management science, 1973；20.

[13] Graves S C. A multi-echelon inventory model for a repairable item with one-for-one replenishment[J]. Management science, 1985：31.

[14] 李建平,石全,甘茂治.装备战场抢修理论与应用[M].北京：兵器工业出版社,2000.

[15] 郝杰忠,杨建军,杨若鹏.装备技术保障运筹分析[M].北京：国防工业出版社,2006.

[16] 李剑涛,蒋里强,黄立坡.装备最佳预防性维修间隔时间研究[J].装备指挥技术学院学报,2004,15(3)：26-29.

[17] 韩帮军,范秀敏,马登哲,等.用遗传算法优化制造设备的预防性维修周期模型[J].计算机集成制造系统——CIMS, 2003, 9(3)：122-125.

[18] 韩帮军,范秀敏,马登哲.生产系统设备预防性维修控制策略的仿真优化[J].计算机集成制造系统——CIMS, 2004, 10(7)：853-857.

[19] 韩帮军,范秀敏,马登哲.基于可靠度约束的预防性维修策略的优化研究[J].机械工程学报,2003,39(6)：102-105.

[20] Suprasad V A, Leland McLaughlin. Optimal Design of a Condition-Based Maintenance Model [J]. IEEE transaction on RAMS, 2004, 528-533.

第2章 装备维修保障辅助决策系统分析

装备维修保障辅助决策系统的研究对象是装备维修保障系统,包括武器装备、维修机构、维修设施与设备等。装备维修保障的目标是维持武器装备的正常工作状态,一方面要承担武器装备的维修、保养工作,另一方面要承担自身装备的维护、保养工作。由于越来越多的科学技术成果用到武器装备中,使得维修工作越来越复杂,而未来战场上海、陆、空、天、电磁一体化作战的发展趋势,使得装备维修保障呈现保障区域广、涉及专业多、保障任务重等特点。为了赢得未来战争,需要充分利用战争期间收集的各种信息,积极组织部队对毁损装备进行抢修,保证故障装备尽快恢复战斗力。在这种背景条件下,对装备维修辅助决策系统的研究势在必行。

2.1 装备维修保障系统

装备维修保障是指为了保持和恢复装备完好的技术状况所应进行的全部技术和管理活动,以及为保证这些活动有效地实施所必需的保障资源。20世纪90年代以来,国外发生的几场高技术局部战争,最突出的特点就是作战双方的对抗已表现为装备体系与体系的对抗,即使武器装备很先进,如果形不成装备体系整体的保障能力和作战能力,也不能赢得战争的胜利。因此在作战中不仅要重视单个武器装备平台的性能,还要重视装备体系的整体效能;不仅要重视各类武器装备的作战运用,还要重视各类武器装备的综合保障。

2.1.1 装备维修保障系统的组成

维修保障系统是装备系统的重要组成部分。它是实施装备维修的所有保障要素的有机结合,包括物质、人力、技术资源及其管理手段,而维修保障系统的功能是完成维修任务,将待修装备转变为技术状态符合规定要求的装备。维修保障系统的复杂性决定了在此过程中还需投入各种有关的作战任务要求(信息输入)、能源、物资(物、能输入)等。维修保障系统完成其功能的能力就是保障力。维修保障系统的能力既取决于它的组成要素及相互关系,又同外部环境(作战指挥、装备特性、供应水平及运输、储存能力等)有关,若将装备维修保障系统效能 V 作为一个函数,可表示为

$$V = f(\text{MO}, \text{MR}, \text{MT}, \text{ME}) \tag{2.1}$$

式中:MO 为维修保障对象(Maintenance Object),MR 为维修资源(Maintenance Resoure),MT 为维修任务(Maintenance Task),ME 为维修环境(Maintenance Environment)。

作战区域中的作战单元是装备维修保障系统中的保障对象。作战单元是指部队建制中可以执行作战或训练任务的军事单位,一般由武器系统及其配套的保障资源和使用人员组成。一个坦克营、一艘舰艇、一个飞行中队等都可以看作一个基本的作战单元。例如:在部队,旅(团)一般有若干个营,修理厂或修理所(营)不仅仅保障一个作战单元的故障装备,经常需要保障多个作战单元的故障装备,也就是说,战时不只是尽快恢复一个作战单元的战斗力,需要及时或者尽快恢复多个作战单元的战斗力。

复杂的武器系统是由多台装备组成,武器装备按照功能与结构可划分若干层次,如分系统、子系统、设备、组件、零部件等多个层次,例如:防空导弹武器系统是由多个子系统组成的复杂系统,大量的保障工作是施加在设备或组件甚至零部件等最基本的保障对象上,防空导弹武器系统组成结构如图 2.1.1 所示。

武器装备按照专业又可划分为机械、机电、电气、电子、光学、化学等专业。每个专业又可以进一步细化,如机械专业包括底盘、发动机、液压、机加等;电子专业包括各种仪器仪表。根据部队执行任务的实

24

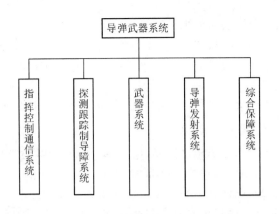

图 2.1.1　导弹武器系统组成结构框图

际,部队指挥部门并不关心某个具体的装备或部件的工作和故障情况,而关心的是各个作战单元整体的可用性。因此,把作战单元作为一个最小保障对象进行研究,符合作战任务需要,也更具有现实意义。

装备维修保障系统是由经过综合和优化的维修保障要素构成的总体,是由装备维修所需的物质资源、人力资源、信息资源以及管理手段等要素组成的系统。显然,维修保障系统是由硬件、软件、人力及其管理组成的复杂系统。装备维修保障资源种类很多,一般可分为:

1. 人力资源

平时和战时对装备进行维修保障活动所需人员数量、专业及技术等级的要求,维修保障人员的数量应满足完成预定维修任务的需要,维修人员的专业素质应覆盖保障工作所涉及的全部维修任务需求,技术等级要合乎要求。

2. 物质资源

物质资源有维修保障器材、设施、设备、训练保障资源,计算机保障资源,包装、装卸、储存和运输资源等。

保障器材为满足平时、战时使用与维修装备所需的器材备件、消耗品(包括燃料、水、电、气等能源)等的品种、数量以及储备程度。

装备维修保障设备包括使用与维修所用的拆卸、安装设备及工具,测试设备、诊断设备以及工艺装置,切削加工和焊接设备等。还包括对保障设备的保障所需的设备。

保障设施是装备维修保障所需要的永久性或移动性的构筑物及附属设备,如备件仓库、维修车间、训练场地、充电间、光学仪器保管间,保养、抢救、加油与维修工程车车辆等。按其预定的用途可区分为维修设施、供应设施、训练设施和专用设施。

训练保障资源是指训练装备使用与维修人员(包括使用与维修操作人员、管理人员等)的计划、课程、方法、要求、训练器材与设备设施等。

计算机保障资源是指保障计算机系统所需的硬件、软件、设施、软件开发与保障工具、文档及人员数量、技术等级等。

包装、装卸、储存和运输资源是指为保证装备到达部队的战备完好性,包装、装卸、储存和运输所需的资源、技术、规程、方法与设计等。

3. 信息资源

信息资源是指装备维修保障所需的各种工程和技术信息文件(含电子信息资源)、环境信息、维修资源信息和装备状态信息等。技术资料包括工程图样、技术说明书、使用说明书、产品履历书、技术规范、技术文档、维修手册、维修规程、软件文档、操作规程、测(调)试细则、维护保养规范、修理规范、计量检定规程、化验规程、使用与维修技术安全规则,以及计算机软、硬件资源与其他用于装备维修保障的声像技术资料等。

为了对各种维修保障资源进行有效管理、利用,现行维修保障系统的组织机构一般分为三级:基地级、中继级和基层级,组成结构如图 2.1.2 所示。按照系统理论及控制理论的观点,装备维修保障系统可划分为调度子系统、信息子系统(包括资源和任务等多种信息)和操作子系统三个部分。其中操作子系统主要指各类保障"服务台"(维修分队(小组)等)。信息子系统负责对维修任务和维修资源等各类信息的收集、传输、存储等处理,这些处理结果为决策者使用;操作子系统负责对维修活动的执行;调度子系统负责对维修任务和维修资源的调度管理;在战时,这些维修分队和维修小组的行动是由本级的调度系统通过信息系统来控制的。它们之间的关系如图 2.1.3 所示。

装备维修保障指挥控制系统是装备维修保障系统的中枢神经,而装备维修任务调度系统作为装备维修保障指挥控制系统的子系统,负

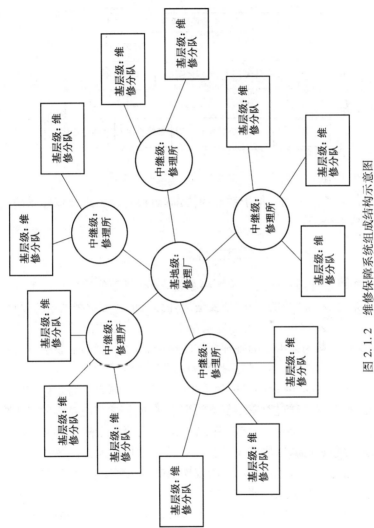

图 2.1.2 维修保障系统组成结构示意图

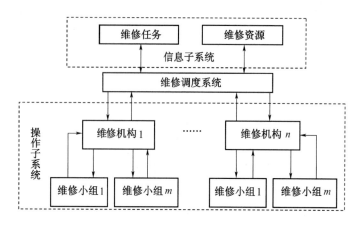

图 2.1.3　各维修子系统之间的关系

责维修任务子系统和操作子系统的协调运行,是装备维修保障系统的重要组成部分。

2.1.2　装备维修保障系统的特点

　　装备维修保障系统是一个军事系统,具有显著的适应性。维修时要适应维修内部环境的变化,还要适应外界其他环境影响因素的变化。在信息化战争条件下,战场环境瞬息万变,若不能达到环境变化的要求,并及时抓住稍纵即逝的各种作战环境信息,就不能对装备进行有效保障,从而贻误战机,影响整个战局的成败。

　　装备维修保障系统的目标是系统的有效性。武器装备整体维修保障能力,不仅仅是通过对单一装备的维修保障,使之具有持续的作战能力,更重要的是能够对一个连、营、旅、基地,乃至整个战争区域的所有装备进行高效的保障,使整个部队具有持续的作战能力。在技术层面上,就要通过逐层次地评估现有的或规划中的保障资源,合理规划调度能够使一个连、营、旅、基地、整个作战区域整体的装备达到什么样的战备完好性和任务成功性,使现有装备形成整体的、持续的作战能力。

　　装备维修保障系统的功能是确保故障装备得到修复、维系武器装备的持续战斗力,体现为各项维修任务活动。维修任务指面向具体的维修对象所制定的具体维修计划,对维修资源进行组织,并根据维修计划实施维修过程。维修任务本质上就是一定数量的维修资源在一定时间一定位置的组合。任务具有一定的粒度大小,维修任务也具有一定的粒度大小,需根据维修环境而定义,可以是故障装备,也可以是单元、组件和部件。如在管理层是一个可执行维修的故障装备,在具体的修理车间则可以再分割为作业(工序)或维修步骤等。

装备维修保障系统是由经过综合和优化的维修保障要素构成的总体,是由装备维修所需的物质资源、人力资源、信息资源以及管理手段等要素组成的复杂系统。高度复杂性是维修保障系统的一个重要的基本特征,装备维修保障系统的复杂性表现在以下几个方面:

(1)系统组成要素的多层次和大规模。作战系统是能够遂行作战任务的作战实体,一般由武器装备系统组成,还包括对武器装备进行技术检查和测试的技术保障设备、保障作战指挥的指挥通信系统、大地测量等作战保障设备、提供目标信息的侦察系统、检验射击效果的设备、进行射击训练的模拟设备以及用于武器装备运输、储存、维修的保障设备。其中的任何一个子系统都又包含众多要素和下一级子系统,如此逐层分解形成了规模庞大的多层次结构。

(2)维修保障系统各要素之间或各子系统之间的关联形式多种多样。这种关联的复杂性表现在结构上是各种各样的非线性关系,表现在内容上是物质能量和信息的交换。

(3)维修保障系统的复杂性与日常训练或作战任务、环境的复杂性紧密相关。作战系统要满足作战任务的需要,作战系统系统环境的不断变化将导致系统的不断演化,这种演化一方面表现为系统从一种相对平衡状态向另一种相对平衡状态转移的过程;另一方面表现为系统功能、结构和目的的变化。以上因素的综合作用最终形成了维修保障系统的复杂性。

2.2 装备维修保障辅助决策系统的组成、结构与功能

作战单元的作战或训练任务具有层次性、阶段性、冲突性等特点,且不同任务对于维修保障的要求也不相同,因此维修保障必须是面向作战任务的保障,面向作战任务的维修保障主要是以保证装备系统中

各部件能够完成任务或满足任务的使用要求为决策目的,根据各装备(部件)的实际状态,充分考虑部件的使用要求,确保以最少的维修工作量来满足任务的需求。维修保障系统的管理主要是围绕维修资源、维修活动展开的管理活动,而装备维修辅助决策系统则是为了科学决策、提高管理效益而开发的软件系统。

装备维修辅助决策系统是一种信息系统,由数据库、模型库和用户系统等组成。

2.2.1 数据库主要内容

数据库主要存储基础信息、决策条件和决策方案等。

1. 基础信息

基础信息包括装备维修保障系统的信息,这些信息主要有维修人员与机构信息、维修设施与设备信息、武器装备信息、备件与备件库信息、维修技术资料信息、地理环境与情报信息和维修经费信息等。

武器装备信息包括了装备分布及数量、技术状况、使用状况、故障及维修情况等信息,见表2.2.1。

表 2.2.1　武器装备信息分类表

类别	内　容
装备基本信息	装备名称、型号、类型、生产厂家、出厂日期、装备批次、工作时间、大中修周期、大中修标准、维修经费标准、计量周期及强检度、装备寿命等
装备使用信息	使用单位、使用时间、使用强度、服役时间、使用环境、装备状态、故障次数、故障原因、调拨记录、参加重大任务情况、计量检定情况等
装备储存信息	储存条件、储存时间、质量变化、储存经费、储存地点、储存数量、技术状态等
装备故障信息	故障模式、故障等级、故障类型、故障时间、故障部位、故障现象、故障原因等
装备维修信息	维修级别、维修类型、维修方案、维修时间、消耗资源、承修单位、维修措施、维修次数、维修方式等

备件是武器装备维修的重要资源。备件与备件库信息是对备件进行科学管理的基础,具体内容见表2.2.2。

表 2.2.2　备件信息分类表

类别	内　　容
备件基本信息	备件名称、计量单位、生产厂家、备件批次、备件数量、基准价格、备件类型、出厂日期、备件尺寸、备件重量、备件寿命等
备件存储信息	储存条件、储存时间、质量变化、储存费用、储存地点、储存数量、技术状态、战储标准等
备件订货信息	订货单号、订货日期、订货数量、订购单位、订货厂家、订货金额、订货方式、提货日期、合同号、经办人等
备件入库信息	入库单号、入库日期、入库原因、入库数量、备件质量、技术状态、经办人等
备件出库信息	出库单号、出库日期、出库原因、流向单位、出库数量、备件质量、技术状态、经办人等
备件请领信息	请领单号、请领日期、请领数量、备件名称、备件质量、技术状态、请领单位、批准人、经办人等
备件库信息	地理位置、交通条件、库存备件种类与数量等

装备维修保障设施是指用于保障装备维修所需的永久性或者半永久性的构筑物及其附属设备,包括维修场地、维修工间(工厂)、装备(器材)仓库、专业训练与科研场所、安全防卫设施等。装备维修保障设备包括用于装备的计量、检测、监护、维护、修理、试验、化验、封存、保管、安全防护的机具、仪器、仪表等固定保障设备和机动保障设备。其内容见表 2.2.3。

表 2.2.3　装备维修设施与设备信息分类表

类别	内　　容
装备维修设施信息	设施名称、设施数量、设施质量、设施类别、技术状态、资产情况、占地面积等
装备维修设备信息	设备名称、计量单位、生产厂家、设备单价、设备数量、设备质量、设备类别、出厂日期、技术状态、使用频率、计量检定、设备寿命等

装备维修保障人员是指具有专门的军事装备维修保障知识和技能,从事装备维修工作的指挥军官、专业技术军官、文职干部、专业士官、士兵或其他人员。而装备维修保障机构是由按照一定编制、体制结构的维修人员和维修设施、设备组成的实体,可以单独完成多种类别的维修任务。详细内容见表2.2.4。

表 2.2.4   维修人员与维修机构信息分类表

类别	内　　　容
维修人员	姓名、性别、出生日期、单位、入伍时间、文化程度、所学专业、从事专业、技术职称、职务、军衔、受训情况、从事各种维修业务的能力等
维修机构	机构编制信息、维修人员的专业与人数、维修能力、负责维修保障的装备、机构所在地、保障装备分布情况、机动能力、培训管理情况等

维修技术资料信息主要包括各种装备维修手册、维修规程、操作规程、技术通报、工程图样、技术说明书、使用说明书、技术规范、产品履历书、各种教程、有关计算机软件文档以及相关的维修行政和技术法规、文件等。

维修经费是装备维修保障的经济基础。详细内容见表2.2.5。

表 2.2.5   维修人员与维修机构信息分类表

类别	内　　　容
维修经费计划信息	大修费、中修费、小修费、维修器材购置费、维修设备购置费、仓库业务管理费、业务水电取暖费、维修业务管理费、维修改革费、其他(含专用经费)等
部队标准计领信息	单装维修费、修理机构费、专业培训费、仓库业务费、部门业务费、库存单装维修费、各类补助经费等
维修经费使用信息	大(中、小)修费、器材费、设备维修费、检修费、计量检定费、管理费、设备购置费、专项及其他经费等
维修经费决算信息	经费需求、经费预算、经费指标、实供经费、专项经费、经费决算等
维修经费划拨信息	经费申请、本级经费、对下分配等

地理环境及情报信息是装备维修保障活动开展过程中需要使用的相关信息,对快速开展各项维修保障活动影响很大,详细内容见表2.2.6。

表2.2.6 维修人员与维修机构信息分类表

类别	内 容
保障区域地理信息	标高、经纬度、植被信息、地貌信息、道路信息、河流信息等
保障区域天气信息	天气现象、温度、湿度、风向、风力、风速、持续时间、作用区域等
保障区域道路信息	路况情况、道路长度、道路等级、道路宽度、周边情况、路况变化等

2. 决策条件和决策方案

决策条件是指开展一项装备维修保障活动前,进行决策所具备的条件,它与具体问题有关,下面仅列出几种决策问题所需具备的条件以及决策方案,见表2.2.7。

表2.2.7 决策条件与决策方案信息表

问题	决策条件	决策方案
备件消耗量预测问题	认为误操作、环境因素、部件固有属性等造成的备件消耗量随时间变化的情况	备件消耗量
备件存储问题	备件存储费用、订购费用、缺货费用等	库存级别,订货方式,订购量
预防性维修问题	常规检查费用,预防性维修费用,修复性维修费用,装备劣化状态分划,装备劣化状态转移概率	常规检查间隔,预防性维修状态

2.2.2 模型库的组成与功能

装备维修辅助决策系统可分为若干个子系统,而这些子系统又是由一些模型组成的,把这些模型组成的集体统称为模型库。模型库的结构如图2.2.1所示。

- 装备维修辅助决策系统框架
  - 维修资源管理子系统
    - 维修资源信息库
    - 维修资源信息管理子系统
    - 备件消耗预测
    - 备件存储决策
  - 装备管理子系统
    - 装备信息库
    - 装备信息管理子系统
  - 维修任务调度子系统
    - 预防性维修决策
    - 不考虑维修专业的任务调度
    - 考虑专业的任务调度
    - 考虑业务流程的任务调度
  - 维修资源调度子系统
    - 维修保障作战想定
    - 维修资源(人员、备件、设施、设备等)需求测算
    - 维修资源运输调度
  - 维修保障评估子系统
    - 维修人员保障能力评估
    - 备件库保障能力评估
    - 维修机构保障能力评估

图 2.2.1 装备维修保障辅助决策系统结构

1. 维修资源管理子系统和装备信息管理子系统的组成与功能

维修资源管理子系统和装备信息管理子系统是装备维修辅助决策系统的基础。维修资源包括维修设施、设备、备件、维修人员、维修资料等,维修资源管理子系统以维修资源信息库为基础,对维修资源进行管理,主要用于维修资源信息的录入、查询、删除、统计等,并实现备件消耗预测与备件存储。

装备管理系统包括装备信息库和装备信息管理子系统。装备信息库主要保存装备本身信息、装备使用信息、装备故障信息、装备维修信息等,是装备信息管理子系统的基础。装备信息管理子系统主要用于装备信息的录入、查询、修改、删除、统计等,是装备维修任务调度的基础。

2. 维修资源调度子系统的组成与功能

维修资源调度子系统可分为平时维修资源调度子系统与战时维修资源调度子系统两部分。平时维修资源调度子系统主要是在保障部队

正常训练的前提下,组织维修资源的运送,减少维修资源调度费用;而战时维修资源调度子系统的目标主要是保障作战武器装备维修需要,主要包括维修保障作战想定、维修资源需求测算与维修资源运输调度等。

维修保障作战想定是战时维修资源调度子系统的基础,在部队作战想定的基础上编制维修保障作战想定,确定故障装备的大致数量、毁损程度随战斗推进的变化情况、维修保障的区域、周边环境等,以便大致确定维修任务量及其变化情况。

维修资源需求测算主要是根据维修任务变化情况和维修保障要求(上级要求达到的保障程度),求取各种维修资源所需数量,包括维修人员、维修设施和设备、备件等。

维修资源运输调度是在不同维修机构需求和供应点供给量给定的情况下,组织运力在一定的环境条件下实施维修资源运输的过程。维修资源运输调度表现为运输调度方案,由于战时情况的复杂多变性,运输调度通常要考虑动态变化的条件。

3. 维修任务调度子系统的组成与功能

维修任务调度子系统的主要功能是实现对维修任务的调度管理。在平时,维修任务调度子系统的主要任务是组织预防性维修,并在现有的人力、物力资源下组织故障装备的维修,尽量提高装备的使用性能,减少维修成本;战时维修任务调度子系统的功能是快速生成维修任务调度方案,保障武器装备尽快恢复战斗力。对某些部队而言,需要以作战单元为单位,修复该单元主要故障装备才能恢复战斗力。由于维修任务调度问题的复杂性,通常维修任务调度问题分为五个子问题分别考虑:

(1)考虑资源和负载的装备维修任务分配问题。维修保障资源有限的情况下,维修任务分配前根据各项维修任务的资源需求选择维修任务,并依据各维修机构的负荷情况选择执行维修任务的维修机构,最后实现维修任务的分配。

(2)基于最大维修保障时间的维修任务调度问题。作战任务的完成需要武器装备处于可用状态,这就要求维修任务必须在一定的维修保障时间窗口内完成,达到故障装备尽可能多的在作战任务完成前修复并投入使用。

（3）不考虑维修专业的维修任务调度问题。在这种情况下,把不同的维修小组看成能够完成任何维修任务的保障小组,在某种意义下追求维修效益最大化。

（4）考虑维修专业的维修任务调度问题。在这种情况下,把全部维修力量分为多个不同专业的维修小组,在一个专业领域的维修小组可从事本专业任何维修任务,安排维修任务调度方案,在某种意义下追求维修效益最大化。

（5）考虑维修业务流程的维修任务调度问题。这类问题不仅考虑维修任务所属专业领域,还考虑维修业务流程,即把维修过程看成一件产品的生产过程,由多道工序组成。现实生活中,完成一项维修任务需要多种维修资源(包括消耗性资源和非消耗性资源),但是并非全过程一直占用所有资源。因此,合理安排维修任务,将进一步减少维修资源占用时间,产生更大的维修效益。

子问题一主要从维修任务实施过程中所需的资源和维修机构的负荷出发考虑维修任务分配问题,而子问题二则从作战过程对武器装备功能需求出发考虑维修任务分配问题。比较子问题三、四、五可知,这三者关系见表2.2.8。

表2.2.8　维修任务调度问题之间关系

问题 比较	子问题三	子问题四	子问题五
问题求解难易程度	最简单	较简单	最难
适应对象人数	维修人员很少	维修人员较多,分专业完成维修任务,但人数不够组成流水作业线	维修人员多,可分专业组织流水作业
实用价值	指导小型维修分队完成多项任务	指导中型维修机构组织安排维修任务	指导大型维修机构组织安排维修任务
相互关系	为子问题二求解基础	为子问题三求解基础	—

4. 维修保障能力评估子系统

维修保障能力评估子系统包括对维修人员、备件库和维修机构三个部分进行保障能力评估。维修保障能力评估子系统是进行维修资源测算的基础,尤其是维修人员、维修设施、设备。

装备维修任务调度系统是装备维修保障指挥控制系统的子系统,也是装备维修保障系统的重要组成部分。它对维修任务和维修资源实行统一控制、管理和合理分配,从而提高资源的利用率,快速恢复部队战斗力。通过分析装备维修任务调度系统与装备维修保障系统关系,明确装备维修任务调度在装备维修保障中的地位和作用,分析梳理维修任务调度中的具体问题,设计维修任务调度系统的结构和功能,为不同类型装备维修任务调度问题的研究奠定了基础。

2.3 装备维修任务调度系统

装备维修任务调度是一个非常复杂的问题,又是装备维修保障中亟待解决的问题。本节分析了装备维修任务调度的概念与特点,给出了装备维修任务调度问题的分类和信息的数学表述,提出解决该问题的框架结构。

2.3.1 装备维修任务调度的概念及特点

1. 装备维修任务调度的概念

装备维修任务调度是指在给定的训练任务或作战条件下,将维修任务、维修资源提交给装备维修任务调度管理系统,对所有的维修资源、维修任务进行统一的控制与安排,合理进行优化调度(图2.3.1)。维修任务调度处在维修计划和实际维修的中间,担负着传达任务和监督维修的重任,包括分配和调度。分配,是指将相关的任务指派给各个保障"服务台";调度,是指当任务指派完成后,如何安排各个任务的执行顺序。目的就是合理分配和利用系统中有限的设备和资源,在满足维修约束条件下,为所有维修任务指定确定的维修保障力量及维修开始和结束时间,并从全局的角度优化维修保障系统的性能指标。

装备维修保障系统的复杂性决定了维修任务调度的复杂性。维修

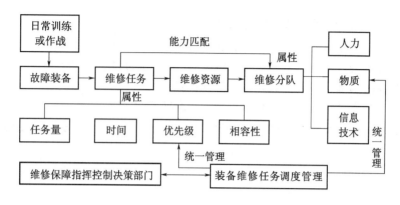

图 2.3.1 装备维修任务调度概念模型

任务调度应该充分考虑作战单元的日常训练或作战任务,作战任务不同,其使用的装备不同,对装备的要求也不同,装备不能满足任务要求所造成的损失不同。一般来讲,如果装备用于作战或紧急任务,其目标是最大可用度、尽快恢复战斗力等;如果是用于日常训练,则应该是在保证装备使用任务可靠度的一定条件下,使维修费用最小。作战任务是分层次的,每一次作战都有总的作战任务,但不同的作战阶段,有其相应的子任务。子任务不同,装备的维修时机可能是不同的。另外作战任务持续时间长短不同,持续时间越长的任务装备发生故障的可能性越大。若在装备出现故障后允许维修则可以不考虑作战任务持续时间的问题,如在任务期装备可能发生故障或不能满足使用要求而又不允许维修,则对仍可使用的设备需要在执行作战任务前维修好。因此,维修任务应根据具体作战任务进行调度。

2. 装备维修任务调度的特点

在维修调度中,众多研究都是针对装备维修资源配置问题,而对装备维修任务调度问题研究较少。装备维修任务调度问题,是指如何将维修任务优化分配给合适的维修机构,并对任务的实施进行维修排序,调度。装备维修任务调度问题属于组合优化理论中的 NP 难题。装备维修任务分配和调度问题与制造系统的调度、车辆调度、计算机调度等一般的任务分配与调度问题存在明显的区别。一般的任务调度问题考虑的任务比较单一(工件,车辆、计算机任务),调度环境变化不大,优化目标也比较简单(加工时间或完成时间短)。传统的车间调度 Job-shop、Flow-shop 问题包括一个要加工的工件集,每个工件的加工由一个工序集组成,各工序的执行需要占用设备或其他资源,并且必须按照各自的工艺流程进行加工。调度的目标是将工序合理安排给设备,并合理安排工序的加工顺序和开始加工时间,使约束条件被满足,同时优化一些特定的性能指标。而装备维修保障系统中的任务调度,调度的任务是多个作战单元中发生故障的武器装备,武器装备具有复杂性,多专业性,相关性;故障损伤的模式和等级多样并具有随机性;调度环境也复杂,特别是在战时环境变化多端,需要满足作战任务的需要。因此,相对于一般的任务调度,装备维修任务的调度更具有自己的状态特征,主要表现在以下几个方面:

(1)复杂性。装备维修任务调度中,故障装备、维修设备、维修人员和备件等消耗资源之间相互作用、相互影响。故障装备需要考虑它的故障类型、装备重要度、最迟修复时间、维修流程等因素,维修资源需要考虑它的有限性、负荷均衡等情况,因而问题相当复杂。

(2)整体性。维修任务具有整体性,装备系统复杂,配套项目多,整体协同要求高。为保障作战任务或训练任务的完成,不只是按时维修好一台装备的问题,而是各部分必须有机组合为一个整体,多种保障装备必须与之配套,才能形成战斗力。这种整体性是装备维修任务调度问题所必须面对的重要特点。

(3)时效性。一般地说,根据作战任务执行的时间特点,对任务执行时间是随机的并无最大执行时间限制的任务需尽快修复。而对任务执行时间是确定的常数和任务执行事件随机执行时间且有执行时间限制的任务,武器装备如果不能在有限的时间内修复,它就不可能参加本次战斗。因此需考虑完成维修任务的时限。装备在作战任务期间出现故障,只要在使用时间范围内恢复,不影响作战任务的完成。

(4)动态性。维修环境是不断变化的,在维修过程中会遇到各种各样的随机干扰,故障装备的到来存在突发性和随机性,维修能力(如机器故障、人员死亡、备件缺乏等)、维修时间等都会发生改变。

(5)优先性。维修时,作战单元的故障装备具有优先性。作战单元的重要程度,由上级指挥机关根据本次战斗的作战任务确定,故障装备重要度可由评估模型来确定,故障装备维修优先序需要综合考虑多种因素才能得到。

（6）目标特殊性。为了满足作战或平时训练的需要,不同维修环境下的调度目标不同,同一维修环境下的调度目标也有很多,而且这些目标之间往往是冲突的。例如,在和平时期,调度目标有维修时间最短、维修效益最大、维修费用最小等;在战争时期,调度目标有恢复战斗力最大和作战单元所有故障装备的修复时间最短等。

（7）组合爆炸性。装备维修任务调度问题是在等式或不等式约束下对指标的优化,具有组合爆炸性。随着问题规模的增大,参数增多,则可行解集规模迅速膨胀,其计算量急剧增加,传统的精确求解方法（如枚举法）显然不可行。一些常规的方法无能为力,所以调度问题难以得到精确的解,通常在解答过程中寻求其相对优的满意解。

2.3.2 装备维修任务调度的框架结构

装备维修保障系统中的维修任务与一般的调度任务相比具有复杂性、多专业性等特点,任务的相互关系复杂,所处的环境也非常复杂。正是由于装备维修任务分配问题的复杂性,将解决维修任务调度问题的过程分为两个主要阶段,如图2.3.2所示。

第一阶段装备维修任务分配阶段。又分为两个阶段:预处理阶段和装备维修任务优化分配阶段。

（1）预处理阶段。也称分析阶段,是前期的准备工作,对维修任务、用户（作战）需求以及维修机构的资源进行分析。包括对装备损伤的程度、修理的时间和维修所需资源、修理以后的作战能力等作出评估,它是修理的前提和必要条件,决定了维修任务的指派及调度,最终决定着战争的成败与否。

（2）装备维修任务优化分配阶段。通过对维修任务和维修机构资源的分析,可以得到每个维修任务的维修需求,同时得到维修机构的维修能力及完成特定任务的维修时间,构成一个二维信息表。这些信息表就是维修任务指派及调度的重要依据。

一个作战区域内一般包括多个作战单元,并设有多个维修厂或修理所,修理厂（所）不仅仅保障一个作战单元的故障装备维修,经常需

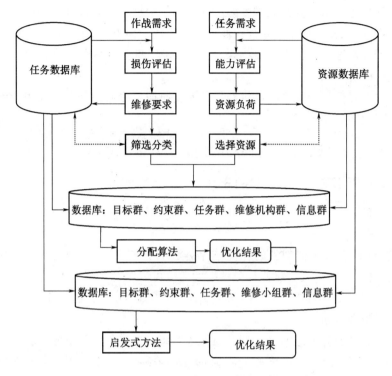

图 2.3.2 装备维修任务调度框架结构

要保障多个作战单元的故障装备维修。装备维修任务优化分配阶段就是明确在已有的资源配置下,如何把作战单元的故障装备优化分配到维修厂(所或者分队)使得装备在维修系统中逗留时间之和最短。根据预处理阶段确定的调度数据和维修需求,首先应对维修机构和维修任务进行筛选,然后,建立维修任务分配数学模型,采用算法对模型进行求解,确定维修任务分配的维修机构。最后根据调度结果,对装备维修调度方案进行仿真演示,对完成维修任务的能力进行分析和评价。

第二阶段装备维修任务优化调度阶段。装备维修任务优化调度阶段是根据已经确定的维修任务分配方案,维修机构内部如何明确执行维修任务的维修小组及维修任务的开始和结束维修时间。装备修理常见的活动组织实施方法有多种,主要有小组包修法、小组部件法、流水作业法等,在不同的维修组织实施方式下如何对维修任务进行调度优化是装备维修任务优化调度阶段的目的。根据第一阶段确定的调度数据和维修需求,建立一系列维修任务调度数学模型,采用相应的算法对模型进行求解。根据调度结果,对装备维修调度方案进行仿真演示及分析评价。

维修任务分配阶段和维修任务调度阶段是维修任务调度问题的核心问题即关键技术。

2.3.3 维修任务调度问题的分类及其数学表示

1. 维修任务调度问题的分类

典型的调度问题可以用三元域表示为

$$\alpha \mid \beta \mid \gamma$$

式中:α 表示机器加工的环境;β 表示工件的加工特性;γ 表示加工性能指标。同样,装备维修任务调度问题也可以用三元域描述:

(1) α 域描述资源特性 $\alpha = \alpha_1 \alpha_2$,其中 α_1 用来描述资源类型,α_2 描述资源数量。

一个具体的维修任务通常由保障系统中的多种保障资源组合成的"服务台"来承担,如修理机构、修理分队、修理工作小组等。根据战场抢修的特点,考虑到平时维修机构设置情况以及各维修机构所承担的维修任务,装备的战场抢修力量一般划分为以下五级:作战部队、伴随维修保障力量、应急支援维修保障分队、前方野战修理所和后方修理基地。这些"服务台"的保障能力取决于其配备的维修保障资源。整个保障系统的保障能力需通过各保障"服务台"所表现出来的保障能力以及整个保障系统所能组合出来的保障"服务台"数量来体现,下文调度资源指的是将各种维修资源,包括人员、设备设施、场地、技术资料、备件等组织在一个统一框架下的保障"服务台",从而能够以方便的方法解决各种复杂的问题。

根据资源情况可将调度问题进行分类:

$\alpha_1 = 1$ 代表调度问题中只包含一个保障"服务台"。

$\alpha_1 = Pm$ 代表调度问题中包含多个保障"服务台";每个"服务台"具有相同的功能,可以互相替换。

$\alpha_1 = Qm$ 代表调度问题中包含多个保障"服务台";每个"服务台"具有相同的维修速度。

$\alpha_1 = Rm$ 代表调度问题中保障"服务台"没有固定的维修速度,同一保障"服务台"执行不同的任务有快慢之分,同一任务在不同的保障"服务台"的执行时间也不同。

α_2 代表了调度问题中保障"服务台"的数量,如果 α_2 省略,则保障"服务台"的数量定义在调度问题实例中。

(2) β 域描述活动(维修任务)的性质。$\beta = \beta_1\beta_2\beta_3\beta_4$,其中 β_1 描述维修是否允许中断,β_2 描述任务之间的先后约束关系,β_3 描述维修作业(工序)的数目,β_4 描述任务的维修时间。

(3) γ 域描述要优化的目标。

常用的优化准则有故障装备总效益最大 $\max \sum \sum w_{ij}$、故障装备总维修时间和最短 $\min \sum t_{ij,k}$、作战单元修复时间和最短 $\min \sum C_{i\max}$ 等。

从上述因素的不同组合中可以得到多种条件下的装备维修任务调度问题。例如:$Pm \mid r_j \mid \sum w_{ij}$ 表示故障装备具有不同的到达时间 r_j,最大化总维修效益的并行保障"服务台"的调度。第6章对多种条件下的装备维修任务调度问题进行研究。

2. 装备维修任务调度的数学表述

装备维修任务调度系统是一信息系统,包含大量确定和不确定的维修任务信息、资源信息和其他信息,对这些数据信息筛选处理后获得了维修调度所必不可少的数据库系统或信息系统,因此,有必要对装备维修调度信息的特点进行深入详细的分析。

装备维修任务调度系统是对输入的原始资源数据信息进行处理而产生预期信息的信息系统。从集合论的观点看,该系统可以被看成一些对象的有限集合 O,即

$$O = \{o_1, o_2, \cdots, o_n\} \subseteq U$$

式中:$o_i \in U$ 称为对象,U 称为对象的论域。

属性是系统对象的表现形式,所有的对象可以用它们属性的有限集合 A 进行描述,即

$$A = \{a_1, a_2, \cdots, a_m\}$$

A 中的每个 $a_j (j \leq m)$ 称为一个属性。F 为 O 和 A 的关系集,即

$$F = \{f_j : j \leq m\}$$

式中:$f_j : O \rightarrow V_j (j \leq m)$,$V_j$ 为属性 a_j 的值域。

在以上分析的基础上,装备维修任务调度信息系统的数学模型如下:

$$S = <O, A, V> \tag{2.2}$$

即本系统 S 是一个三元组。

式中:O 为对象的有限集合,用 o_i 表示 O 中的对象;A 为对象属性的有限集合,用于区别和分类每一个对象,元素 a_j 表示 A 中的具体属性;V 为每个属性定义域 V_j 的直集,即

$$V = \underset{j \in A}{\times} V_j \tag{2.3}$$

维修任务是一个独立对象,需要相关的维修资源来执行和完成。对本系统各元素具体化后有

对象集 $O_{任务}$ = {维修任务1,维修任务2,$\cdots$,维修任务 n}

属性集 $A_{任务}$ = {编号,功能,属于者,专业,损伤等级,时间,重要性}

定义域直集 $V_{任务}$ = { $V_{任务号} \times V_{功能} \times V_{属于者} \times V_{专业} \times$

$V_{损伤等级} \times V_{时间} \times V_{重要性}$ }

其中

$$V_{任务号} = \{编号集\}$$

$$V_{功能} = \{功能集\}$$

$$V_{属于者} = \{属于者身份\}$$

$$V_{专业} = \{专业集\}$$

$$V_{损伤等级} = \{一级轻损,二级轻损,中损,一级重损,二级重损,报废\}$$

$$V_{时间} = \{到达时间,维修时间,使用时间\}$$

$$V_{重要性} = \{极重要,重要,比较重要,一般,不必考虑\}$$

对象集 $O_{资源}$ = {维修机构(或小组)1,维修机构2,$\cdots$,维修机构 n}

44

属性集 $A_{资源}$ = ｛代号,属于者,维修级别,可修专业,状态,能力(负荷)｝

定义域直集 $V_{资源}$ = ｛$V_{代号}$ × $V_{属于者}$ × $V_{级别}$ × $V_{可修专业}$ × $V_{状态}$ × $V_{负荷}$｝

其中

$$V_{任务号} = ｛代号集｝$$

$$V_{属于者} = ｛属于者身份｝$$

$$V_{级别} = ｛一级(基地级),二级(中继级),三级(基层级)｝$$

$$V_{专业} = ｛可维修专业集｝$$

$$V_{状态} = ｛好、中、差｝$$

$$V_{负荷} = ｛轻,中,重｝$$

对 O 中任一元素,可以看做是由 V 中不同特征描述的对象。这种公理化的数学描述是后续优化计算的基础。对象的数学描述实例定义见表 2.3.1 和表 2.3.2。

表 2.3.1　维修任务调度问题之间关系

对象	编号	功能	属于者	专业	损伤等级	时间			重要性
						到达	维修	使用	
牵引车	A1－JX	牵引	作战单元1	机械	轻度	3:00	2h	10:00	一般
发射装置	A2－FS	发射	作战单元2	发射	中度	1:00	5h	3:00	重要
液压系统	A3－YA	供压	作战单元3	发射	轻度	4:00	6h	7:00	重要
电气系统	A1－DQ	供电	作战单元1	电气	重度	2:00	1h	3:00	重要
拖车	A2－JX	拖拉	作战单元2	机械	报废	2:00	3h	3:00	一般

表 2.3.2　维修资源数学表述实例

对象	代号	属于者	级别	可修专业	状态	负荷
修理厂	QU1－1	作战区域1	一	机电、发射	好	发射:轻机电:重
维修分队1	QU2－3	作战区域2	三	机电	好	轻
维修分队2	QU1－3	作战区域1	三	发射	较好	中
修理所1	QU2－2	作战区域2	二	控制	较好	中
维修所2	QU2－2	作战区域2	二	发射、控制	好	发射:重控制:轻

根据维修任务和维修资源信息,选择合适的决策规则和方法就能为装备维修保障指挥人员提供有效的调度决策信息及方案。

2.3.4 装备维修任务调度系统结构与功能

装备维修任务调度系统是装备维修保障指挥控制系统的核心子系统。将维修任务汇总提交给调度系统,由调度系统对所有的维修任务合理安排维修资源,从而提高资源的利用率。

维修机构一般分为基层级、中继级和基地级三级。各级维修机构都规定了需要完成的工作任务,配备了与该级别维修工作相配套的工具、维修设备、测试设备、设施及训练有素的维修人员、管理人员。基层级维修一般由装备使用分队在使用现场或装备所在的基层维修单位实施维修,基层级维修通常只限于装备维修的定期保养、判断并确定故障、拆卸更换某些零部件。中继级维修是基层级的上级单位及其派出的维修分队,主要负责装备中修或规定的维修项目,同时负责对基层级维修的支援。基地级维修拥有最强的维修能力,能够执行修理故障装备所必要的任何工作,包括对装备的改进性维修。主要内容包括装备大修、翻新或改装,以及中继级不能完成的项目。

因此,根据部队的维修建制,建立分布式的装备维修任务调度系统结构,把装备维修任务调度系统分为一级装备维修任务调度系统、二级装备维修任务调度系统和三级装备维修任务调度系统,分别对应于基地级、中继级和基层级三级维修保障系统,如图2.3.3所示。上级维修调度系统负责管理一个或多个下一级维修调度系统,当下级维修调度系统出现不能维修的故障装备时,上报到上一级维修调度系统。

一般来说,维修任务调度可分两个层次:局部维修任务调度和全局维修任务调度。

局部维修任务调度指在维修机构内部对装备维修过程中的各个环节、修理单元的活动进行分析,对维修车间的维修资源(包括维修人员、维修设施设备和维修对象)、维修活动进行优化规划的过程。

全局维修任务调度指在不同级别维修机构间或同一级别不同维修机构间,分配维修任务和资源。

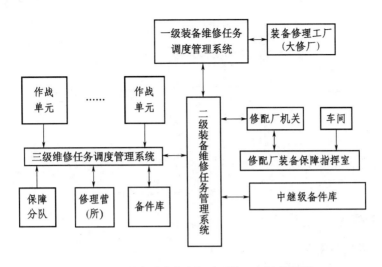

图 2.3.3　装备维修任务调度系统三级结构简图

每一级的维修任务调度决策系统,负责控制这一级的维修系统协调、优化和高效的运行,对维修任务和资源进行统一管理,从而提高资源的利用率。

维修任务调度是在上层维修计划和下层实际维修的中间层,为了保证完成维修计划中确定的维修任务,装备维修任务调度系统应具有如下功能:① 获取故障装备信息,将故障装备分解为可在操作子系统(维修机构或维修小组)上执行的维修任务;② 完成各个维修任务在不同维修保障"服务台"(维修机构或维修小组)上的分配关系;③ 驱动维修系统按照分配关系将维修任务安排在各个资源上。也就是说,输入维修任务的基本信息,辅以维修系统的软硬件以及人员和技术等支持,在维修技术规范和资源等约束下进行工作,最后以甘特图及有关数据资料的形式输出,如图 2.3.4 所示。维修任务调度系统从层次上主要分四个层次即任务管理、静态调度、动态调度和资源管理。其模型如图 2.3.5 所示。

在模型中任务管理主要是接受维修任务,根据给定的训练任务或作战任务要求,以及资源的使用情况对其进行调度预处理后提交维修任务,然后分配维修任务,为维修任务指定保障"服务台",并监测任务的完成状态,返回任务维修情况,删除已分配的维修任务,对

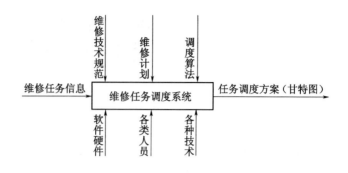

图 2.3.4　调度系统整体功能图

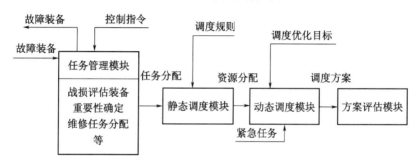

图 2.3.5　调度系统内部功能图

不能维修的任务上报上级维修调度系统。静态调度是指正常维修过程中实现任务的分配和资源的调度,其优化目标是保证任务完成下,提高资源的利用率和维修经费最低等目标。动态调度是指在有紧急任务或作战时,系统能够及时调整维修计划,重新组织调度,保证维修任务尽快完成。资源管理的目的是使用户了解系统中各类人力资源、物力资源(备件、设备设施)和信息技术资源的存在情况、使用情况,为任务管理提供依据。如果出现异常或故障,及时向任务管理或上级管理层报告,调整维修方案或请求上级资源调度。各模块按照自己的目标解决局部问题,并可以相互协调实现全局目标。

信息化战争条件下,装备维修任务优化调度的目的就是合理分配和利用系统中有限的设备和资源,在满足维修约束条件下,为所有维修任务指定确定的维修保障力量及维修开始和结束时间,并从全局的角度优化维修保障系统的性能指标。本章通过系统分析维修保

48

障系统的组成,阐述了装备维修任务调度系统与维修保障系统的关系,并对装备维修任务调度的概念、特点、分类和框架模型进行了详细分析,给出了装备维修任务调度的数学表述。同时分析了装备维修任务调度系统的结构、功能,为深入研究装备维修任务调度问题奠定了理论基础。

第3章　备件需求预测方法

备件消耗量预测是进行备件保障决策优化的基础性工作,只有在准确地确定备件消耗量的基础上,才能合理地进行备件配置,在此基础上才可以确定备件优化存储策略,实现备件供应最优化等,为更好地搞好装备维修工作、提高部队的维修保障能力奠定基础。文献[1]给出了在备件故障率表达式已知时备件消耗量的解析算法。实际上,备件消耗主要是由部件故障、环境的影响和人为差错引起的[1],同时,部件的故障率曲线不一定能用解析表达式来描述,在这种情况下,利用仿真方法模拟[2]备件消耗过程,可以在仿真结果的基础上获得较准确的备件消耗量。

由于战时备件消耗量受战场不确定因素影响很大,在预测备件消耗量时,主要研究了平时训练中备件消耗的预测方法。针对平时作战训练情况,分析了备件消耗预测问题的特点,建立了备件消耗预测模型,提出了基于仿真的备件消耗预测方法。研究表明:基于仿真的备件消耗预测方法较好地反映了备件消耗情况,与其他方法相比,能够更加准确地预测备件消耗量。方法简便易行,科学合理,可以用于确定备件配置以及在此基础上进行相关科学决策等。本章重点介绍不可修复件、可修复件的需求预测方法。

3.1　不可修复备件消耗预测方法

备件消耗预测,就是根据当前备件的状况确定未来一段时间内备件消耗的数量,从而确定存储量、备件库选址以及备件供应方式等,是进行相关方面科学决策的基础。

3.1.1 单个故障造成的备件消耗

由于故障模式繁多,并且每一个故障可能由多种原因引起,为了简化备件消耗预测评估问题,这里先利用装备中单一部件的故障率进行备件消耗预测。对于一台装备的任意一个部件,故障率分布曲线有六种基本形式,如图3.1.1所示。

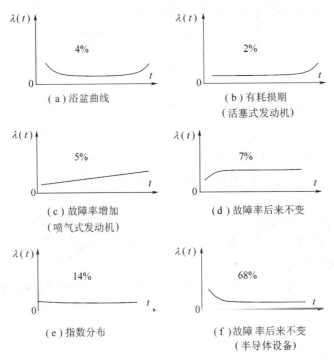

图 3.1.1 六种基本的故障率曲线

如果仅考虑单个备件故障,并且完全由备件的故障率造成的消耗时,可以使用解析法预测维修备件消耗量。先计算每一类部件的平均寿命,然后计算给定时间段内该部件的消耗量,最后根据该类部件的使用量就可以确定该类部件在给定时间段内的消耗量。当装备的每一部件的故障率分布曲线给定以后,时间 T_i 内备件消耗量 s 按照下式计算:

$$s = mT_i/T_e \tag{3.1}$$

式中:m 表示正在使用这类部件的总数;T_e 表示这类部件的平均寿命,即

$$T_e = \int_0^{+\infty} tf(t)\,\mathrm{d}t \tag{3.2}$$

式中:$f(t)$ 表示部件的故障密度。

故障率 $\lambda(t)$ 与故障密度 $f(t)$ 的关系[3]为

$$\lambda(t) = \frac{f(t)}{1 - \int_0^t f(t)\,\mathrm{d}t} = \frac{f(t)}{1 - F(t)} \tag{3.3}$$

3.1.2 一般情况下备件消耗预测方法

一般情况下,备件消耗量受环境、人为误差、多重故障以及部件自身可靠性的影响,情况比较复杂。通常在历史统计数据的基础上,根据历史数据的变化趋势预测一段时间内备件消耗量。假设从给定时刻起,把时间等间隔地分成若干相同长度的时间段,在过去连续的多个时间段内备件消耗值为 $s_1,s_2,\cdots,s_h$,第 $h+1$ 时间段内备件消耗量为 s_{h+1}。预测的方法主要有移动算术平均模型、灰色区间预测模型、平稳过程预测模型和最小二乘预测模型。

利用移动算术平均模型计算时,第 $h+1$ 时间段内备件消耗量为

$$s_{h+1} = \frac{1}{k} \sum_{i=h-k+1}^h s_i \tag{3.4}$$

式中:k 是给定常数,$k=1,2,\cdots,h$。

采用灰色区间预测模型可以给出预测值的范围。s_{h+1} 取值在 $[s_{\min}, s_{\max}]$ 内,其中

$$
\begin{aligned}
s_{\min} &= \min\{s_i \mid i = 1,2,\cdots,h\} \\
s_{\max} &= \max\{s_i \mid i = 1,2,\cdots,h\}
\end{aligned}
\tag{3.5}
$$

采用平稳序列预测模型时[4],$k+1$ 时间段预测量 s_{h+1} 为

$$s_{h+1} = \sum_{i=1}^h c_i s_i \tag{3.6}$$

式中：c_i 是权重，并且下标 i 离 $h+1$ 较近的权值较大，较远的权值较小。

采用最小二乘模型时，先拟合多项式 $y=f(x)$，预测值为

$$s_{h+1} = f(h+1) \tag{3.7}$$

3.2　基于仿真的不可修复备件消耗预测方法

影响备件消耗量的因素较多，除了环境因素、人为误差、多重故障以及备件自身可靠性之外，还受到武器装备发展变化的影响。例如，增加一些新式装备，而一些相对落后的装备可能逐步被淘汰，因而武器装备上不同部件的总数目有增有减。影响备件消耗平稳性的因素主要有：

（1）故障率曲线。是由部件自身可靠性引起的故障率随时间变化的宏观统计规律，不同类型的部件故障率曲线不尽相同。

（2）正在使用的备件新旧不一。这是由于出现故障的部件将用新的备件替换，而未出现故障的部件将继续使用。

（3）多重故障。多重故障发生时由于可靠性的因素，一个部件本身发生故障，而且它的故障使其他还可以使用的部件也发生故障。多重故障由多方面因素决定，具有一定的随机性，利用可靠性难以准确预测这类故障，但是可以利用历史信息的统计结果进行预测。

（4）环境对部件的影响。温度、湿度等因素也会对部件的寿命产生影响。

（5）人为差错的影响。人为差错与操作人员的技术素质、心理素质以及环境等有关，人为的误操作也可能造成一些部件故障。

（6）装备的增减。

备件消耗量问题不是一个线性问题，并且使用过程中存在诸多变数，适合采用仿真方法对消耗量进行预测。为了研究方便，假设：

（1）一个部件的实际使用寿命从它投入使用开始，到该部件发生故障为止；

（2）部件发生故障后，使用备件直接替换它；

（3）故障发生后,使用备件替换故障部件所需时间很短;

（4）人为误差造成的部件消耗概率密度为$f_a(t)$;

（5）环境因素造成的部件消耗概率密度为$f_e(t)$;

（6）部件的故障率函数为$\lambda(t)$,故障概率密度为$f(t)$;

（7）多重故障造成的部件消耗概率密度为$f_c(t)$。

假设系统中使用该类部件m件,利用仿真方法预测备件消耗量时则需要仿真m次(对每个部件仿真一次,仿真开始时各部件已经投入使用的时间不完全相同)。针对第$h(1 \leqslant h \leqslant m)$个部件的仿真步骤如算法3.2.1所示。

算法3.2.1 基于仿真的备件消耗量预测方法

步骤1 根据未来时间段T确定仿真步长Δt。

步骤2 输入部件的历史信息(仿真之前该部件已经使用的时间t_0)。

步骤3 输入$f(t),f_e(t),f_a(t),f_c(t)$。

步骤4 令$K \leftarrow \left[\dfrac{T}{\Delta t}\right], j \leftarrow 0, t_1 \leftarrow t_0, s_h \leftarrow 0$。

步骤5 计算它在未来$k\Delta t(k = 1, 2, \cdots, K - j)$内发生故障的概率$p_k$:

$$p_f = \int_{t_1}^{t_1+k\Delta t} f(t)\,\mathrm{d}t \tag{3.8}$$

$$p_a = \int_{t_1}^{t_1+k\Delta t} f_a(t)\,\mathrm{d}t \tag{3.9}$$

$$p_e = \int_{t_1}^{t_1+k\Delta t} f_e(t)\,\mathrm{d}t \tag{3.10}$$

$$p_c = \int_{t_1}^{t_1+k\Delta t} f_c(t)\,\mathrm{d}t \tag{3.11}$$

$$p_k = 1 - (1 - p_\lambda)(1 - p_a)(1 - p_e)(1 - p_c) \tag{3.12}$$

步骤6 令$i \leftarrow j$。

步骤7 $i \leftarrow i + 1$。

步骤8 如果$i > K$,则执行步骤10。

步骤9 产生$[0,1]$内均匀分布的随机数r。如果

$$r \leqslant p_{i-j} \tag{3.13}$$

则

$$s_h = s_h + 1$$
$$t_1 = 0 \tag{3.14}$$
$$j = i$$

返回步骤 5；否则返回步骤 7。

步骤 10 类似于式 (3.8) ~ 式 (3.12)，计算 $[t_1 + (K-j)\Delta t, t_1 + T - j\Delta t]$ 内部件发生故障的概率 p。产生 $[0,1]$ 内均匀分布的随机数 r。如果 $r \leqslant p$，则 $s_h \leftarrow s_h + 1$，$t_1 \leftarrow 0$；否则，$t_1 \leftarrow t_1 + T - j\Delta t$。

步骤 11 输出结果：该类部件消耗量为 s_h，最后一个新备件已经使用的时间 t_1。

对每一个部件进行仿真，共 m 次，得到未来 T 时间内 m 个部件对应的备件消耗量 s：

$$s = \sum_{h=1}^{m} s_h \tag{3.15}$$

重复多组仿真（每一组仿真 m 次），假设第 l 组仿真得到的备件消耗量为 $s^{(l)}$（$l = 1, 2, \cdots, L$），备件消耗量预测值 s_f 为

$$s_f = \bar{s} + 3\sigma \tag{3.16}$$

其中

$$\bar{s} = \frac{1}{L} \sum_{l=1}^{L} s^{(l)}, \quad \sigma = \sqrt{\frac{1}{L-1} \sum_{l=1}^{L} (\bar{s} - s^{(l)})^2} \tag{3.17}$$

为了避免消耗量出现小数，按下式计算预测值 s_f'：

$$s_f' = \begin{cases} s_f, & [s_f] = s_f \\ [s_f] + 1, & s_f > [s_f] \end{cases} \tag{3.18}$$

例 3.2.1 某部共有 7 台同一类型的装备车，每一台装备车有 1 个部件 A，它自身可靠性的故障概率密度可以用 $f(t)$（$a = 0.534185$）描述：

$$f(t) = \begin{cases} ae^{-t}, & 0 \leqslant t \leqslant 1 \\ ae^{-1}, & 1 < t \leqslant 3 \\ ae^{-1}t^2/9, & 3 < t \leqslant 4 \end{cases}$$

此外,人为误操作引发部件故障的概率、环境影响以及多重故障造成的部件故障密度为

$$f_a(t) = 0.1e^{-0.1t}(t \geqslant 0)$$

$$f_e(t) = 1/100(0 \leqslant t \leqslant 100)$$

$$f_c(t) = 0.1e^{-0.1t}(t \geqslant 0)$$

七个部件已经使用的时间分别为 0.03、0.1、0.25、0.19、0.04、0.13、0.09(单位时间)。预测未来一段时间内备件消耗量。如果在第 1~5 时间段消耗量分别为 1、9、3、4 和 7,使用解析方法、移动算术平均模型、灰色区间预测模型、平稳过程预测模型和最小二乘预测模型预测备件消耗量。

解 按照 3.2 节的方法进行仿真,并按照式(3.16)~式(3.18)计算预测结果。使用解析法计算时,平均寿命为 1.8825,在任意时间段内消耗量都是 4。使用移动平均算术模型计算时,取 $k=5$,按照式(3.4)计算预测值。采用平稳过程预测模型时,令 $c_i=1/h$,按照式(3.6)计算。按照最小二乘模型,使用一元一次函数预测,表达式为 $f(x) = 0.7x + 2.7$。仿真方法预测结果见表 3.2.1。

表 3.2.1 仿真方法预测结果

时间段序号	预测值	时间段序号	预测值	时间段序号	预测值	时间段序号	预测值
1	12	6	12	11	12	16	12
2	11	7	12	12	12	17	12
3	11	8	12	13	12	18	12
4	12	9	12	14	12	19	12
5	12	10	12	15	12	20	12

使用解析方法、移动算术平均模型、灰色区间预测模型、平稳过程预测模型得到的预测值分别为 4、5、[1,9]、5 和 7,比仿真方法得到的

预测值(大于10)小。根据仿真结果测算,实际消耗量不超过仿真方法得到的预测值的概率大于0.995,而实际消耗量超过解析方法、移动算术平均模型、灰色区间预测模型、平稳过程预测模型和最小二乘模型求得结果的概率分别为0.53、0.35、0.025、0.35和0.11。由此可见,仿真方法得到的预测值可以较好地反映备件的消耗量。此外,基于仿真的预测方法还可以进行较长时间段的消耗预测,表3.2.2给出了不同时间长度的预测值。

表3.2.2   不同时间长度内消耗量预测值

时间长度	预测值	时间长度	预测值	时间长度	预测值	时间长度	预测值
1	12	6	43	11	70	16	99
2	19	7	48	12	76	17	104
3	25	8	54	13	82	18	109
4	31	9	59	14	87	19	115
5	37	10	65	15	93	20	120

备件消耗主要受部件可靠性、环境因素以及人为差错的影响,具体消耗预测值还受部件投入使用时的状态、装备使用时间长度影响,使用时间越长,单位时间内备件消耗预测值越少。备件消耗预测值是备件配置的依据。这里提出的基于仿真的备件消耗量预测方法具有适应面广、容易实现、结论准确等特点,是一种行之有效的预测方法,根据仿真得到的结果供应备件,基本上能够满足备件消耗的需求,为科学地确定备件配置奠定了基础。

3.3   可修复备件消耗预测方法

在工程施工过程中,尤其是一些作业强度大的施工项目,使用的各型设备的一些零部件可能发生故障,通常采用直接更换的形式进行修理,而替换下来的故障部件修复后可能继续投入使用。由于不同类型部件的故障属性不一定相同,并且不同部件投入使用的时间也不一样,修复后的备件投入使用时再次故障后修复率将发生变化,因而确定工程施工期间消耗备件数量是比较困难的。文献[5]分析了设备故障的原因,建立了备件消耗预测的仿真模型,可用于不可修备件的消耗预测。文献[6]对给定保障度下三种类型备件的需求量进行了研究,模型没有考虑部件的初始状态、修理机构的维修能力等因素。文献[7]重点研究了寿命为指数分布类型备件的消耗情况。文献[1,8]对一般的备件消耗量进行了研究,文献[8]深入研究了维修力量充足、维修力量不足时备件消耗量问题,针对可修复性部件修复如新情况下给出了消耗量计算公式。由于可修复型备件经过多次修复后寿命分布和可修复性均会发生变化[9],因此,简化计算的结果可能不满足实际消耗需求。

在现有研究的基础上,综合考虑设备中部件的使用状态、修理情况和维修力量配备情况,采用仿真方法模拟备件消耗过程,得到备件的消耗量,为保障施工过程顺利进行奠定基础。

影响备件消耗量的因素很多,主要有备件寿命分布、部件相关参数等。

1. 备件寿命分布

备件的寿命分布主要有三种类型:指数分布、正态分布和威布尔分布。备件的寿命分布类型及适用范围见表3.3.1。

表 3.3.1 备件的寿命分布类型及适用范围

分布类型	密度函数	适 用 范 围
指数分布	$f(t) = \begin{cases} \eta \exp(-\eta t), & t > 0 \\ 0, & t \leq 0 \end{cases}$	具有恒定故障率的部件;在耗损故障前正常使用的复杂部件或由随机高应力导致故障的部件;在一段规定的使用期内出现的故障为弱耗损型的部件,也可视为指数分布
正态分布	$f(t) = \dfrac{1}{\sqrt{2\pi}\,\sigma} \exp\left(-\dfrac{(t-\mu)^2}{2\sigma^2}\right)$	轮胎磨损、变压器、灯泡、电动绕组绝缘、半导体器件、硅晶体管、直升机旋翼叶片、飞机结构金属疲劳等
威布尔分布	$f(t) = \begin{cases} \lambda \alpha t^{\alpha-2} \exp(-\lambda t^{\alpha}), & t > 0 \\ 0, & t \leq 0 \end{cases}$	滚动轴承、继电器、开关、断路器、某些电容器、电子管、磁控管、电位计、陀螺、电动机、航空发电机、蓄电池、机械液压恒速传动装置、液压泵、空气涡轮发动机、齿轮、活门、材料疲劳等

2. 部件相关参数

部件的相关参数主要有修复率、使用时间、维修次数、寿命分布参数等。

设备上部件故障后,维修后可能恢复正常功能,能够继续投入使用的备件比例称为故障部件的修复率。修复后的故障部件作为备件保存起来。为便于描述,假设 $r_i(i=0,1,\cdots)$ 表示经过 i 次维修后发生故障部件的修复率。

使用时间主要指新部件或者修复后的部件投入使用的时间,用 t_j 表示,修复件的使用时间从最近一次修复后投入使用时刻开始累计。维修次数 m_j 是指使用或备用的某部件从它作为新部件开始,经过使用—故障—修复的循环次数。

3. 其他因素

设备中同一类型部件数量和该类型部件故障后故障部件的修复时间和修理部件数也是影响备件消耗量的重要因素。故障部件的修复时间一般服从指数分布。由于维修人员数量不同,因而在一定时间范围内实际修理备件数量与故障部件数目不一定相等,实际完成修理故障部件数取决于维修工作总量、维修人员配置情况以及维修任务安排情况等,计算较为复杂。由于维修机构在一定时间段内可完成的维修任务是有限的,从概率意义上可认为维修机构匀速地完成同种维修任务,t 时刻修理部件数简化表示为

$$\varphi(n(t),t) = \begin{cases} \left[\dfrac{t}{T}n(t)\right], & t \leqslant T, n(t) \leqslant n_0 \\[3mm] \left[\dfrac{t}{T}n_0\right], & t \leqslant T, n(t) > n_0 \end{cases}$$

式中:T 表示设备使用时间;t 表示开工时间;$n(T)$ 表示某类型部件故障数量;n_0 表示最多可修理故障部件数量(依据维修力量及其组成、维修任务安排方法确定);[·] 表示取整。

3.4　可修复备件消耗预测的仿真方法

为了获取备件消耗量,模拟备件消耗过程,从而获得备件消耗量的

统计信息。在此基础上,得到不同保障度下备件消耗量。针对某型部件而言,所需备件消耗量计算的仿真算法包括施工全过程备件消耗模拟算法、消耗量预测算法两部分。

算法 3.4.1　施工全过程备件消耗模拟算法

步骤 1　输入某型号部件总数 N、部件 j 的使用时间 t_j、维修次数 m_j、故障部件修理所需时间 t_m、设备使用时间 T、故障部件的修复率 $r_i(i=0,1,\cdots)$、故障部件修复后寿命分布概率密度函数 $f(i,t)$,令 $n(t)=0$,部件 j 开始工作时间设置为 $s_j=0(j=1,2,\cdots,N)$。

步骤 2　计算 $s_j\leftarrow\min\{s_i,i=1,2,\cdots,N\}$。

步骤 3　如果 $s_j\geqslant T$,则执行步骤 8。

步骤 4　模拟产生部件 j 的寿命 t_r,即产生密度函数为 $f(m_j,t)$ 的随机数 t_r。

步骤 5　如果 $t_j>t_r$,则返回步骤 4。计算 $s_j\leftarrow s_j+t_r-t_j$。如果 $s_j\geqslant T$,则 $t_j\leftarrow s_j-T$,执行步骤 2。

步骤 6　$m_j\leftarrow m_j+1$ 累计故障部件总数 $n(t)$:

$$n(t)=\begin{cases}n(t)+1, & t\geqslant s_j\\ n(t), & t<s_j\end{cases}$$

考察任意在修故障件 h,如果到时刻 s_j 可修理完毕,模拟产生随机数 r,如果 $r\geqslant r_{m_h}$,表示不能再次投入使用,则消耗备件量 $u-u+1$。

步骤 7　从备件中选择维修次数最多的备件 k 更换故障部件 j,为方便把更换后备件 K 称为部件 j。返回步骤 2。

步骤 8　工程施工任务结束,未修理完毕故障部件数为 u_1,设修理完毕后可再次投入使用的部件数为 u_2,则工程施工实际消耗备件数为 $u+u_1+u_2$。施工需要备件数目为 $u+u_1$。

步骤 9　输出结果,退出计算。

例 3.4.1　某工程施工过程中,各种设备中部件 A 数量为 100 件。故障后部件 A 的修复率见表 3.4.1,故障部件修复后寿命服从正态分布,参数见表 3.4.2。维修机构负责全部设备的使用维护工作,空闲时可以抽出部分时间修理故障部件。设备使用时间为 300h。估计使用时间内备件需求量。

表 3.4.1　故障部件修复率

已修理次数	修复率	已修理次数	修复率	已修理次数	修复率
0	0.9	2	0.6	4	0.2
1	0.8	3	0.4	5	0

表 3.4.2　修复后部件寿命分布参数表(单位:h)

已修理次数	0	1	2	3	4
均值	200	180	150	100	50
标准差	20	20	20	20	20

为了估计部件需求量,假设在使用的部件中修理次数为 0,1,2,3,4 的部件数均为 20,已使用时间服从表 3.4.2 中分布。采用算法 3.4.1,进行模拟计算,仿真 1000 次,结果见表 3.4.3。

表 3.4.3　备件需求情况

	待修备件	报废备件	备件需求量
均值	4.3106	58.4908	63.6038
标准差	2.8114	3.7606	2.7335
最大值	20	75	80
最小值	0	43	52

备件需求情况如图 3.4.1 所示。

与文献[8]中方法得到结果相比,相同保障度要求下备件需求大大增加。这是由于文献[8]中假设故障备件经过修理,都能修复如新。实际上,对故障部件维修通常都达不到修复如新,因而仿真模型更加切合实际情况。

针对可修复性备件消耗量预测问题,分析了影响备件消耗量的主要因素,建立了备件消耗量预测的仿真模型,仿真模型中部件寿命分布、故障部件修理时间分布、故障部件修复率等影响因素可根据具体问题的实际情况调整,仿真模型具备一定的通用性。仿真模型相对接近实际情况,较好地反映了可修复性备件消耗情况。仿真结果表明:可修复性备件的需求量主要由未修理完毕的部件、报废部件组成,更加接近实际情况,是一种有效的可修复性备件消耗预测方法。应用本方法预

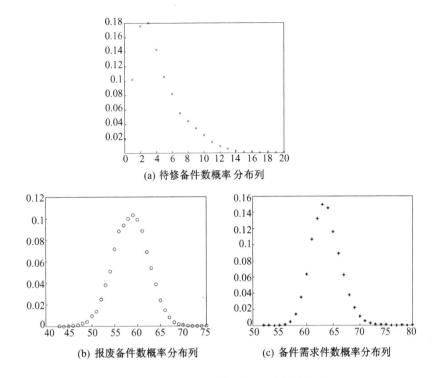

(a) 待修备件数概率分布列

(b) 报废备件数概率分布列

(c) 备件需求件数概率分布列

图 3.4.1　备件数(单位:件)需求相关情况

测时,还需要确定相关参数,提高仿真模型的可信度[10]。

参 考 文 献

[1] 李金国,丁红兵.备件需求量计算模型分析[J].电子产品可靠性与环境试验,2000, (3):11-14.

[2] 王维平,朱一凡,华雪倩,等.离散事件系统建模与仿真[M].长沙:国防科技大学出版社,1997.

[3] 徐综昌.保障性工程[M].北京:兵器工业出版社,2005.

[4] 周仁斌,王国富,浦金云.战时装备备件需求的多层次灰色预测[J].军械工程学院学报,2002,14(3):38-42.

[5] 李瑾,宋建社,王正元,等.备件消耗预测仿真方法研究[J].计算机仿真,2006,23 (12):306-309.

[6] 于静,吴进煌.导弹武器装备备件数量计算方法研究[J].战术导弹技术,2003,(2):56-60.

[7] HUANG Zhuo, LIANG Liang, GUO Bo. A General Repairable Spare Part Demand Model Based on Quasi Birth and Death Process[J]. ACTA AUTOMATICA SINICA, 2006, 32(2): 200 – 206.

[8] 张建军, 李树芳, 张涛, 等. 备件保障度评估与备件需求量模型研究[J]. 电子产品可靠性与环境实验, 2004, (6): 18 – 22.

[9] 陈迪, 周百里, 费鹤良. 导弹系统储存可靠性预测的数学模型[J]. 航空学报, 1996, 17(3): 51 – 57.

[10] 胡伟文, 苑秉成, 杨鹏. 仿真模型置信度的决策分析方法[J]. 系统仿真学报, 2008, 20(12): 3274 – 3276.

第4章 备件存储与运输策略

确定备件需求量的目的是为了更合理地确定备件的订购与存储数量,并做好伴随保障分队备件运输工作、备件仓库设置工作以及考虑维修机构维修能力的战时备件资源配置方法。本章首先针对备件库存问题,分析了备件需求的特点,建立了多级库存问题模型和同时订购多种备件的优化模型。然后考虑如何在给定运输能力的条件下,较好的备件携行量可以减少维修备件的缺货率,提高部队的维修保障能力。考虑到作战过程的特点,介绍了一种可移动备件仓库设置的优化方法,可有效提高备件保障的实时性和同等情况下备件的保障度。从配备维修力量有限和作战武器装备发挥作战功能的时效性角度考虑,建立了考虑维修能力的战时备件资源配置优化模型,在确保任务完成的情况下可有效地降低备件配置数量。

4.1 一种备件多级库存系统的仿真优化模型

备件库存问题是一种需求随机、离散的库存问题,与一般库存模型有较大区别。库存管理中,一般采用多级库存模式[1]以降低订购成本。一般的库存模型中,如果发生缺货,仅考虑缺货损失,没有考虑以后补充缺货部分[2-7];备件库存模型中,缺货后备件缺乏导致故障装备处于待修状态,因此缺货部分将在后续供应中补充。需求随机离散的库存模型中,若库存时间较短,存储费用不需考虑存储时间;但是有些备件存放时间较长,对存储条件有严格要求,因而计算存储费用必须考虑存放时间。

Moinzadah 和 Lee 研究了一种订购策略下订购批量问题[8];Sherbrooke 研究了备件需求率较低而横向补充时间较短的库存问题[9];Shtub and Simon 对一个中心库、多个基层仓库的库存问题进行了研究[10],备件需求存在优先级,其目的是使得需求满足率最大化。由这些研究成果不难看出,以前人们对多级库存问题的某一个方面进行了深入研究,但没有综合考虑不同订购策略、库存级别和库存参数对备件库存问题的影响。

针对备件库存问题的特点,建立了备件多级库存模型。以模型为基础,研究了备件订购策略、相关参数、库存模式对库存策略和库存费用的影响。研究发现:库存模式、订购策略和相关参数都会影响库存策略和最小总费用;一般情况下,较优订购策略为"库存量降到安全库存水平以下时订购,订购使得备件总量达到某一常数"。因此,备件采用多级库存模式还是单极库存模式应根据具体参数和订购策略确定。由于备件库存问题的特殊性,提出了较为适合求解备件库存问题的仿真方法。实验结果表明:本节方法可以有效地求解备件多级库存问题,为确定备件库存策略提供了定量依据。

4.1.1 模型假设

地理位置分散的维修机构对维修备件需求具备一定的随机性,如果使用单级库存模式,为了保障备件需求及时得到满足,每一个仓库都要保存较多的备件。采用多级库存模式时,把各修理机构看做一个系统来处理,由中心库负责订货并向分仓库供货,保障率不变的情况下可以有效地减少库存量,减少库存费用。采用多级库存模式时,需要考虑的费用包括备件存储费用(C_1 元/(件·天))、备件缺货费用(C_2 元/(件·天))、备件订购费用(C_3 元/次)以及备件运输费用(C_4 元/(件·km))等。

假设中心库位置为 v_0,坐标为 (x_0, y_0);基层修理机构共有 m 个,第 i 个修理机构的地理位置记为 v_i,坐标为 $(x_i, y_i)(i = 1, 2, \cdots, m)$。修理机构间的最短距离为 $d_{ij}(i \neq j, i, j = 0, 1, 2, \cdots, m)$,各基层修理机构与它的分仓库在一起。假设备件需求量服从泊松分布[11-12],日平均需求量为 λ_i。各基层单位某种备件需求量的概率分布可描述如下:

$$p(r) = \mathrm{e}^{-\lambda_i t} \frac{(\lambda_i t)^r}{r!}, \quad r = 0, 1, \cdots \tag{4.1}$$

其中基层单位编号 $i = 1, 2, \cdots, m$。

如果把部分或全部基层单位作为一个整体来考虑,则这一整体对该种备件的需求量也服从泊松分布。例如,把前 k 个基层单位作为一个整体对待,它的该种备件需求量分布为

$$p(r) = \mathrm{e}^{-\sum\limits_{i=1}^{k}\lambda_i t} \frac{\left(\sum\limits_{i=1}^{k}\lambda_i t\right)^r}{r!}, \quad r = 0,1,\cdots \quad (4.2)$$

当均值 λt 较大时,计算泊松分布的概率并不方便,可以把泊松分布转化为正态分布,这时相应概率的计算表达式为

$$p(r) = \Phi\left(\frac{r-\lambda t}{\sqrt{\lambda t}}\right) - \Phi\left(\frac{r-1-\lambda t}{\sqrt{\lambda t}}\right) \quad (4.3)$$

式中: $\Phi(x)$ 为标准正态分布函数。

4.1.2 备件多级库存模型

由于装备维修过程中,备件是一种特殊的"货物",研究这种特殊货物的存储问题时需要结合具体情况。主要考虑以下方面:

(1)供应过程中是否允许缺货? 如何处理缺货结果?

(2)采用多级库存模式还是单级库存模式存货?

(3)采用什么订货策略?

由于有些备件并非通用件,只有到特定的厂家才可以买到,因而一般情况下不允许缺货,即使发生缺货,也需要等到下一轮订购备件到来以后予以补充。这一特性使得备件库存问题与一般的库存问题略有差异。在研究库存时,是否采用多级库存模式取决于库存系统的参数(包括 C_1、C_3 和 C_2)、订购策略。由于备件需求数量是随机的离散变量,为了减少缺货带来的影响,一般采取安全库存策略,即 (s,Q) 策略,但是订货时有两种订购策略,一种是每次订购相同数量 Q 的备件,另一种策略是订购备件使得存储备件总量达到 Q。多级库存以单级库存为基础,下面先讨论单级库存模型,再分析多级库存模型。

1. 单级库存模型

为了研究方便,假设备件生产时间很短,日平均备件需求量为 λ 件,备件缺货后将立即予以补充,安全库存量为 s,订购策略为存储量 q_t

小于 s 时订货(订购量为 Q 或者 $Q-q_t$),则给定时间 T_0 内的总费用 C 包括订购费用 t_{c3}、存储费用 t_{c1} 和缺货费用 t_{c2}。单级库存模型为

$$\min C(T_0) = t_{c1}(T_0) + t_{c2}(T_0) + t_{c3}(T_0) \qquad (4.4)$$

由于缺货量将从后续订货中补充,使得这种情况下很难给出 t_{c1} 和 t_{c2} 的解析表达式,并且订购量为 $Q-q_t$ 时也不易给出订购费用的解析表达式。对此,采用仿真方法求取 T_0 内的总费用,计算步骤如算法 4.1.1 所示,总费用均值计算步骤如算法 4.1.2 所示。

算法 4.1.1　T_0 内单级备件库库存总费用的仿真计算方法

步骤 1　选择订购策略。假设初始库存量为 0,令 $\Delta t = 1$,$t_{c1} = 0$,$t_{c2} = 0$。令 $d = 0$,$q_t = Q$,$t_{c3} = C_3$。

步骤 2　$d = d + \Delta t$。如果 $d > T_0$,则执行步骤 5。

步骤 3　随机产生 Δt 内的备件需求量 x(x 服从均值为 $\lambda \Delta t$ 泊松分布)。按照式(4.5)~式(4.8)计算消耗后备件余量 q_t($q_t < 0$ 时表示缺货)、Δt 内的存储费用 d_{c1}、缺货费用 d_{c2} 和订货费用 d_{c3}:

$$d_{c1} = \begin{cases} c_1(q_t - 0.5x), & q_t \geqslant x \\ 0.5c_1 q_t, & 0 < q_t < x \\ 0, & q_t \leqslant 0 \end{cases} \qquad (4.5)$$

$$d_{c2} = \begin{cases} c_2(x - q_t), & q_t < x \\ 0, & q_t \geqslant x \end{cases} \qquad (4.6)$$

$$d_{c3} = \begin{cases} c_3, & q_t < s \\ 0, & q_t \geqslant s \end{cases} \qquad (4.7)$$

$$q_t = \begin{cases} q_t - x, & d_{c3} = 0 \\ g(q_t - x, Q), & d_{c3} > 0 \end{cases} \qquad (4.8)$$

其中 $g(x, y)$ 是根据订货策略确定的函数。如果订货策略为"订购量为 Q 与当前存储量之差"时,$g(x, y)$ 表达式为

$$g(x, y) = y \qquad (4.9)$$

67

如果订货策略为"订购量为常量 Q"时,$g(x,y)$为

$$g(x,y) = x + y \qquad (4.10)$$

步骤 4　按照式(4.11)总计各项费用:

$$t_{cj} = t_{cj} + d_{cj}, \quad j = 1,2,3 \qquad (4.11)$$

返回步骤2。

步骤 5　计算仿真时间 T_0 内的总费用 $t_c = t_{c1} + t_{c2} + t_{c3}$,输出计算结果。

算法4.1.2　T_0 内单级备件库库存总费用均值的仿真计算方法

步骤 1　假设仿真计算次数为 m_0。令 $k = 0$,$C_a = 0$。

步骤 2　$k = k + 1$。如果 $k > m_0$ 执行步骤4。

步骤 3　按照算法4.1.1计算 T_0 内库存总费用 t_c,$C_a = C_a + t_c$。返回步骤2。

步骤 4　计算平均总费用 $C_a = C_a/m_0$,输出计算结果,退出计算。

实际情况下,往往需要获取经济订购量 Q 和相应安全库存量 s,使得给定时间 T_0 内平均库存总费用 C_a 最小。这一问题的计算步骤如算法4.1.3所示。

算法4.1.3　T_0 内单级备件库最小库存总费用均值的仿真计算方法

步骤 1　选择备件订购策略。给定 $D_{\max}$($D_{\max}$ 为正整数,不小于100),给定初始值 Q_0、s_0,给定参数 C_1、C_2、C_3,令 $Q = Q_0$,$s = 0$,$C_{\min} = -1$。

步骤 2　按照算法4.1.2计算 T_0 时间内订购量 Q、安全存储量 s 对应的平均总费用 C_a。

步骤 3　如果 $C_{\min} < 0$ 或者 $C_{\min} > C_a$,则 $C_{\min} = C_a$,$Q_{\min} = Q$,$s_{\min} = s$。

步骤 4　$s = s + 1$。如果 $s > Q$,则执行步骤5;否则返回步骤2。

步骤 5　$Q = Q + 1$,$s = 0$。如果 $Q - Q_{\min} > D_{\max}$,则执行步骤6;否则返回步骤2。

步骤 6　输出计算结果,退出计算。

例4.1.1　分别计算 $\lambda = 80$ 时经济库存量、安全库存和最小年均总费用。订货策略为低于安全库存量时订货,订货量为常数 Q 或者使库存总量达到常数 Q。参数 $C_3 = 10$,$(C_1, C_2) \in \{(0.23, 0.28),$

$(0.23, 0.8)$，$(0.23, +\infty)$，$(0.001, +\infty)$，$(0.001, 0.05)$，$(0.001, 0.003)$}。

利用算法 4.1.3，给定参数 (C_1, C_2) 时，计算单级备件库所需的最小费用以及相应存储策略，结果见表 4.1.1。

从表 4.1.1 可知，C_3/C_1 越大，相同库存模式下备件订购量 Q 越大；C_2/C_1 越大，安全库存量 s 越大；C_1 与 C_3 不变时，C_2 越大，总费用越高；C_1、C_2、C_3 和 λ 相同、订购策略不同时，最低费用不同；并非一个订购策略任意参数对应的最小费用都比另外一个订购策略相应参数对应的最小费用小。因此，在确定库存方案时，应该综合考虑订购策略、参数 C_1、C_2、C_3 和 λ 以及库存策略（单级库存、多级库存）。

表 4.1.1　不同需求和相关参数对应的经济库存、安全库存及
相应年均最小费用

(C_1, C_2)	低于 s 后订货量为 Q			低于 s 后订货使总量为 Q		
	Q_{min}	s_{min}	C_{min}	Q_{min}	s_{min}	C_{min}
$(0.23, 0.28)$	113	107	5282.24	145	78	5415.17
$(0.23, 0.8)$	127	127	6654.57	161	117	6169.07
$(0.23, +\infty)$	192	192	12386	191	133	7772.22
$(0.001, +\infty)$	1263	188	472.384	1260	166	464.544
$(0.001, 0.05)$	1258	131	457.321	1239	145	458.865
$(0.001, 0.003)$	1310	0	410.327	1093	0	420.642

2. 二级库存模型

从单级库存模型分析结果可知，当日平均备件需求量较大时，单一备件总平均费用较小。对于分散的多个需求单位，采用多级库存模式供货可能减少总的库存费用。假设每个基层维修机构有且只有一个基层备件库，全部需求单位所在地域内有一个中心备件库。基层备件库与基层维修机构在一起，基层维修单位所需备件直接从基层备件库提取，基层维修单位一般不直接与中心备件库联系，基层备件库从中心备件库获取备件。假设基层备件库 v_i（$i = 1, 2, \cdots, m$）与中心备件库 v_0 以及相连接路径、路的长度构成一个加权网络图 $G(V, E, W)$，其中 $V = \{v_0, v_1, \cdots, v_m\}$，$E = \{e_{ij} | i, j = 0, \cdots, m\}$，$W = \{d_{ij} | i, j = 0, \cdots, m\}$，

连接 v_i 与 v_j 的边为 e_{ij}，v_i 与 v_j 之间最短距离为 d_{ij}。$v_i(i=0,1,\cdots,m)$ 的日平均需求量为 λ_i，库存量为 q_{ti}，最大进货（订购）量 Q_i，安全存储量为 s_i，单位时间一件备件存储费用与缺货费用为 C_{1i}、C_{2i}，订货费用为 C_{3i}，单位距离单一备件运输费为 μ。如果某一基层备件库从中心库获取备件的运输费超过备件订购费，则该基层备件库将不再从中心库获取备件，而是直接订购备件。

二级库存模型为

$$\min C(T_0) = \sum_{i=0}^{m} \sum_{j=1}^{3} t_{c_{ji}}(T_0) \qquad (4.12)$$

其中 $t_{c_{ji}}(j=1,2,3)$ 分别表示存储费用、缺货费用和订货费用。对于基层库 i，如果没有订货，则其订货费用为备件从中心库运输到该库的费用。

二级库存模型与单级库存模型类似，很难构造经济订购量和安全库存量的解析表达式，只能通过仿真计算求得。算法 4.1.4 给出了 $G(V,E,W)$、λ_i、Q_i、s_i、C_{1i}、C_{2i}、C_{3i} 和 μ 给定时总费用的计算方法，算法 4.1.2 给出了上述参数给定时计算平均总费用的方法，算法 4.1.5 给出了求解最小总费用及相关参数的方法。

算法 4.1.4　给定参数时二级库存总费用的仿真计算方法

步骤 1　选择订购策略（包括中心库和基层备件库的订购/进货策略）。假设各仓库的初始库存量为 0，令 $\Delta t=1$，$t_{c1i}=0$，$t_{c2i}=0$，$d=0$，$q_{ti}=Q_i$，$t_{c3i}=\mu Q_i d_{i0}(\mu Q_i d_{i0} \le C_{3i})$ 或者 $C_{3i}(\mu Q_i d_{i0} > C_{3i})$，其中 $i=1,2,\cdots,m$。$t_{c30}=C_{30}$，$t_{c10}=0$，$t_{c20}=0$，$q_{t0}=Q_0-Q_{r1}-\cdots-Q_{rk}$，其中 $\mu Q_{rj} d_{rj0} \le C_{3rj}(j=1,2,\cdots,k)$。

步骤 2　$d=d+\Delta t$。如果 $d>T_0$，则执行步骤 6。

步骤 3　随机产生 Δt 内的备件需求量 x_i（x 服从泊松分布，均值为 $\lambda_i \Delta t$）。按照式（4.13）~式（4.17）计算消耗后备件余量 q_{ti}（$q_{ti}<0$ 时表示缺货）、Δt 内的存储费用 d_{c1i}、缺货费用 d_{c2i} 和订货/进货费用 $d_{c3i}(i=1,2,\cdots,m)$：

$$d_{c1i} = \begin{cases} c_{1i}(q_{ti}-0.5x_i), & q_{ti} \ge x_i \\ 0.5c_{1i}q_{ti}, & 0<q_{ti}<x_i \\ 0, & q_{ti} \le 0 \end{cases} \qquad (4.13)$$

70

$$d_{c2i} = \begin{cases} c_{2i}(x_i - q_{ti}), & q_{ti} < x_i \\ 0, & q_{ti} \geqslant x_i \end{cases} \qquad (4.14)$$

$$d_{c3i} = \begin{cases} c_{3i}, q_t < s_i, & \mu Q'_i d_{i0} > c_{3i} \\ \mu Q'_i d_{i0}, q_t < s_i, & \mu Q'_i d_{i0} \leqslant c_{3i} \\ 0, q_{ti} \geqslant s_i \end{cases} \qquad (4.15)$$

其中 Q'_i 为

$$Q'_i = g(q_{ti} - x_i, Q_i) - q_{ti} + x_i \qquad (4.16)$$

$$q_{ti} = \begin{cases} q_{ti} - x_i, & d_{c3i} = 0 \\ g(q_{ti} - x_i, Q_i), & d_{c3i} > 0 \end{cases} \qquad (4.17)$$

步骤4 使用式(4.18)计算 x_0，并利用式(4.13)、式(4.14)、式(4.15)计算 q_{ti}、d_{c1i} 和 $d_{c3i}(i=0)$。

$$x_0 = \sum_{j \in J} Q'_j \qquad (4.18)$$

其中 $J = \{j \mid d_{c3j} > 0, \mu Q_i d_{i0} \leqslant c_{3i}, i = 1, 2, \cdots, m \mid \}$。

步骤5 按照式(4.19)总计各项费用：

$$t_{cji} = t_{cji} + d_{cji}(j = 1, 2, 3; i = 0, 1, 2, \cdots, m) \qquad (4.19)$$

返回步骤2。

步骤6 计算仿真时间 T_0 内的总费用 t_c：

$$t_c = \sum_{i=1}^{m} \sum_{j=1}^{3} t_{cji} + t_{c10} + t_{c30} \qquad (4.20)$$

输出计算结果，退出计算。

算法4.1.5 T_0 内二级备件库最小库存总费用均值的仿真计算方法

由于二级库存问题的待定参变量较多，因而求解最小库存总费用是一个多元优化问题。把平均总费用 C 看做 Q_i、$s_i(i=0, 1, \cdots, m)$ 的函数，即

$$C = f(Q_0, s_0, Q_1, s_1, \cdots, Q_m, s_m) \qquad (4.21)$$

求解步骤如下:

步骤1　给定初始 Q_i、s_i($i=1,2,\cdots,m$)的值及其搜索半径 r_q、r_s。令 $k=0$。

步骤2　$k=k+1$。如果 $k>m$，执行步骤4。

步骤3　按照算法4.1.4计算搜索范围 $[Q_k-r_q,\ Q_k+r_q]\times[s_k-r_s,\ s_k+r_s]$ 内搜索最低平均总费用对应的 Q_k、s_k。这里给出的搜索范围实际上是一个移动的矩形区域，一旦获得平均总费用更低的 Q_k、s_k，搜索区域的中心相应发生改变。返回步骤2。

步骤4　计算 Q_i、s_i($i=1,2,\cdots,m$)给定时 Q_0、s_0 的最优值使得平均总费用最小。

步骤5　输出最小平均总费用 $C_{\min}$ 以及相应库存策略、库存模式，退出计算。

例4.1.2　假设五个基层备件库的编号分别为 $1,2,\cdots,5$，与中心库的距离分别为4、6、10、10、14，它们的日平均需求量分别为80、90、88、95、75。已知订购费 C_3 为10元/次，单一备件运输费用为0.0001元/km。(C_1，C_2) = (0.23，0.28) 或者 (0.001，$+\infty$)，订货策略为低于安全库存 s 后订货，订货量为常数 Q（策略1）或者是库存恢复到 Q（策略2）。库存模式为单级库存或者二级库存。试确定不同库存模式、订货策略、(C_1，C_2) 时对应的库存参数(Q，s)及总费用。

利用算法4.1.3、4.1.5，分别计算不同参数下五个基层备件库所需的最小费用以及相应存储策略，见表4.1.2。从表4.1.2可知：即使相关参数相同，不同的订购策略对应的总费用不同；不同参数下二级库存模式所需的费用不同；采用二级库存模式所需费用不一定比单级库存模式所需费用小。在本例中，(C_1，C_2) = (0.23，0.28) 时采用单级库存模式比较合适，订购策略为"低于 s 后订货使总量为 Q"，最小总费用为43641.44；(C_1，C_2) = (0.001，$+\infty$) 时采用二级库存模式比较合适，订购策略为"低于 s 后订货使总量为 Q"，最小总费用为1495.2628。

综上所述，对一个具体的备件库存问题，究竟采用哪种库存模式应该根据具体参数而定。此外，利用4.1.2节方法可以确定不同种类备件应该采用单级库存模式还是多级库存模式。

表 4.1.2 单级、多级库存模式下经济订购量及年均最小费用

| 库存模式 | 备件库 | 低于 s 后订货量为 Q | | | | 低于 s 后订货使总量为 Q | | | |
| | | $(C_1, C_2) =$ (0.23, 0.28) | | $(C_1, C_2) =$ (0.001, $+\infty$) | | $(C_1, C_2) =$ (0.23, 0.28) | | $(C_1, C_2) =$ (0.001, $+\infty$) | |
		$Q_{\min}$	$s_{\min}$	$Q_{\min}$	$s_{\min}$	$Q_{\min}$	$s_{\min}$	$Q_{\min}$	$s_{\min}$
二级库存模式	1	118	12	120	119	41	6	119	96
	2	130	19	132	26	48	25	132	108
	3	127	16	130	129	47	24	129	109
	4	136	19	139	138	52	9	138	94
	5	108	21	113	113	37	25	113	84
	0	579	92	2676	626	395	102	2577	556
	$C_{\min}$	67356.5		1634.97		59710.4		1495.2628	
单级库存模式	1	160	0	120	119	123	0	1288	119
	2	147	2	132	126	132	3	1296	126
	3	160	0	130	129	129	3	1326	128
	4	157	6	139	138	138	3	1364	134
	5	136	1	113	113	113	0	1204	94
	$C_{\min}$	45809.14		2575.575		43641.44		2561.105	

3. 模型的计算复杂性分析

求解过程中算法 4.1.3 调用算法 4.1.2,而算法 4.1.2 调用算法 4.1.1。假设算法 4.1.1 的计算量为 I_1(I_1 为一定值),算法 4.1.2 调用算法 4.1.1 的次数为 m_0,算法 4.1.3 调用算法 4.1.2 的次数不超过 M,则使用算法 4.1.3 求取单级库存模式下的最优参数所需计算量不超过 $Mm_0 I_1$。算法 4.1.5 调用算法 4.1.4。假设算法 4.1.4 的计算量不超过 $(m+1) I_2$(I_2 为一定值),求取给定参数对应平均费用时调用算法 4.1.4 的次数为 m_0,而求取二级库存模式下的最优参数时计算平均费用的次数不超过 M,则计算量不超过 $Mm_0(m+1) I_2$。

上述分析表明本节方法是一种多项式时间算法。例 4.1.2 中计算二级库存模式下 1 个中心库、5 个子仓库的最优参数需要 110.5s(仿真时间段为一个月,时间步长为 1 天,模拟次数为 100,搜索最优参数的移动

窗口为$[s_{min}-50,\ s_{min}+50]\times[Q_{min}-100,\ Q_{min}+100])$。当中心库和子仓库数量较多时，可以使用多台计算机同时携行，分别计算各子仓库的最优库存参数，在此基础上，再计算中心库的最优库存参数，从而得到问题的解。

4.1.3 小结

备件库存问题不同于一般的商品库存问题，它是一种特殊的商品（对于缺货部分，将在后续供应中予以补充）。由于考虑到备件的存储费用与存放时间以及单位时间单一备件存放费用有关，备件消耗量是随机离散变量，因而很难直接得到相关参数的解析计算表达式。对此，文中采用仿真方法计算备件订购量/进货量。研究发现：一种备件的库存模式与它的相关参数有关，不能都采取多级库存方式。如果以多项指标的综合效用[13]（如备件保障的满意度，费用，不同武器装备相关备件的重要性等）作为库存参数好坏的评价尺度时，只需把 4.1 节的费用改为综合效用即可。使用本节方法可以有效地求解备件库存问题的方法，可以应用于确定备件库存策略，在此基础上还可以确定不同备件的库存级别。

4.2 多种备件库存系统优化方法

备件存储优化对于减少备件积压、提高资金使用效率具有重要意义，目前备件存储优化主要考虑单一备件的需求预测和存储优化问题。4.1 节对备件存储优化问题进行了研究，主要针对一种备件的库存优化问题建立了多级库存优化模型并给出了最优订购策略；文献[14]研究了可修复备件的需求预测问题，在仿真计算结果的基础上可以得到需求的近似分布；文献[15]研究了备件管理中库存管理因素模糊隶属确定和备件模糊 EOQ 模型问题，利用模糊理论确定一种备件的库存参数。文献[16]以汽修备件集中采购模式下的存储配送为研究对象，建立第三方物流参与下的存储配送一体化系统，通过数学模型的建立和求解验证该模式在提高运营效率、整合运营活动等方面的优势。对于备件均匀消耗情况下的备件库存优化问题，文献[17]研究了考虑生产能力时一种备件的库存优化问题,提出了这种情况下备件库存最优策略。这些研究工作都是针对单一类型备件的消耗、库存展开的。

备件存储过程中,往往从多个厂家订购多种备件,而同一个厂家一般可生产多种备件。实际工作中,一次订购多种备件是可行的,而且每次订购一种备件所需的费用并不比同时订购多种备件低。文献[18]探索了需求随机情况下多级库存多种备件配置优化问题,这种问题比较复杂,难以获得较为稳定的结果。为解决多种备件配置优化问题,这里以备件均匀消耗的保障系统为研究对象,重点研究从一个厂家同时订购多种备件时备件的存储策略优化问题,并与多种备件单独订购的最优策略进行比较。研究发现:无论是否考虑生产能力,是否允许缺货,多种备件同时订购时平均总费用都要低于多种备件单独订购的平均总费用。如果把故障备件的修复能力纳入到生产能力中,本节提出的方法可进一步推广应用于可修复性备件的存储优化。

4.2.1 瞬间供货、不允许缺货的库存模型

假设共订购 m 种备件,每种产品都不允许缺货,订购备件即时送达。第 k 种备件的单位时间单位备件存储费为 c_{2k},日消耗量为 r_k。无论一次订购多种备件还是一种备件,订购费用均为 c_1。采用传统订购方式,周期内存储费用最小时,第 k 种备件最优订购周期、最优订购量、一个周期内订购与存储总费用分别为

$$T_k = \sqrt{\frac{2c_1}{c_{2k}r_k}} \qquad (4.22)$$

$$Q_k = \sqrt{\frac{2c_1 r_k}{c_{2k}}} \qquad (4.23)$$

$$c(k) = c_1 + \frac{1}{2}c_{2k}r_k T_k^2 = 2c_1 \qquad (4.24)$$

如果一次订购 m 种备件,订购周期为 T。周期内存储费用最小时,最优订购周期、最优订购量、一个周期内订购与存储费用之和分别为

$$T = \sqrt{\frac{2c_1}{\sum\limits_{k=1}^{m} c_{2k}r_k}} \qquad (4.25)$$

$$Q_k = \sqrt{\frac{2c_1 r_k}{\sum\limits_{i=1}^{m} c_{2i} r_i}} \qquad (4.26)$$

$$c = c_1 + \frac{1}{2}\sum_{k=1}^{m} c_{2k} r_k T^2 = 2c_1 \qquad (4.27)$$

则传统订购方式下订购 m 种备件时 T_0 内单位时间平均费用为

$$a_1 = \sum_{k=1}^{m} \frac{c(k)}{T_k} = \sqrt{2c_1} \sum_{k=1}^{m} \sqrt{c_{2k} r_k} \qquad (4.28)$$

而一次同时订购 m 种备件时 T_0 内单位时间平均费用为

$$a_2 = \frac{1}{T}c = \sqrt{2c_1}\sqrt{\sum_{k=1}^{m} c_{2k} r_k} \qquad (4.29)$$

由于

$$\sqrt{2c_1}\sqrt{\sum_{k=1}^{m} c_{2k} r_k} < \sqrt{2c_1}\sum_{k=1}^{m} \sqrt{c_{2k} r_k}$$

可知

$$a_1 > a_2$$

表明订货费不变、需求恒定、不允许缺货时,一次订购 m 种备件优于 m 种备件单独订购。

4.2.2 瞬间供货、允许缺货的库存模型

假设在需求恒定情况下,共订购 m 种备件,每种产品允许缺货,订购备件即时送达。第 k 种备件的单位时间单位备件存储费、缺货费用分别为 c_{2k}、c_{3k},日消耗量为 r_k。无论一次订购多种备件还是一种备件,订购费用均为 c_1。采用传统订购方式,第 k 种备件最优订购周期、最优订购量和一个周期内最优总费用分别为

$$T_k = \sqrt{\frac{2c_1(c_{2k} + c_{3k})}{c_{2k} c_{3k} r_k}} \qquad (4.30)$$

$$Q_k = \sqrt{\frac{2c_1 c_{3k} r_k}{c_{2k}(c_{2k} + c_{3k})}} \qquad (4.31)$$

$$c(k) = 2c_1 \qquad (4.32)$$

如果一次订购 m 种备件，订购周期为 T。周期内存储费用最小时，最优订购周期、一个周期内订购与存储费用之和分别为

$$T = \sqrt{\frac{2c_1}{\sum_{k=1}^{m} \frac{c_{2k}c_{3k}}{c_{2k} + c_{3k}} r_k}} \qquad (4.33)$$

$$Q_k = \frac{c_{3k}r_k}{c_{2k} + c_{3k}} \sqrt{\frac{2c_1}{\sum_{i=1}^{m} \frac{c_{2i}c_{3i}}{c_{2i} + c_{3i}} r_i}} \qquad (4.34)$$

$$c = 2c_1 \qquad (4.35)$$

则传统订购方式下订购 m 种备件时 T_0 内单位时间平均费用为

$$a_1 = \sum_{k=1}^{m} \frac{c(k)}{T_k} = \sqrt{2c_1} \sum_{k=1}^{m} \sqrt{\frac{c_{2k}c_{3k}}{c_{2k} + c_{3k}} r_k} \qquad (4.36)$$

而一次同时订购 m 种备件时 T_0 内单位时间平均费用为

$$a_2 = \frac{c}{T} = \sqrt{2c_1} \sqrt{\sum_{k=1}^{m} \frac{c_{2k}c_{3k}}{c_{2k} + c_{3k}} r_k} \qquad (4.37)$$

由于

$$\sqrt{2c_1} \sum_{k=1}^{m} \sqrt{\frac{c_{2k}c_{3k}}{c_{2k} + c_{3k}} r_k} > \sqrt{2c_1} \sqrt{\sum_{k=1}^{m} \frac{c_{2k}c_{3k}}{c_{2k} + c_{3k}} r_k}$$

可知

$$a_1 > a_2$$

表明订货费不变、需求恒定、允许缺货时，一次订购 m 种备件优于 m 种备件单独订购。

4.2.3 考虑生产能力、不允许缺货的库存模型

假设在需求恒定情况下，共订购 m 种备件，每种产品不允许缺货，订购备件生产需要时间。第 k 种备件的单位时间单位备件存储费用、

77

缺货费用分别为 c_{2k}，日生产量为 p_k，日消耗量为 $r_k(p_k > r_k)$。无论一次订购多种备件还是一种备件，订购费用均为 c_1。采用传统订购方式，第 k 种备件最优订购周期、最优订购量和一个周期内最优总费用分别为

$$T_k = \sqrt{\frac{2c_1 p_k}{c_{2k} r_k (p_k - r_k)}} \qquad (4.38)$$

$$Q_k = \sqrt{\frac{2c_1 r_k p_k}{c_{2k}(p_k - r_k)}} \qquad (4.39)$$

$$c(k) = 2c_1 \qquad (4.40)$$

一次同时订购 m 种备件，订购周期为 T。周期内存储费用最小时，最优订购周期、最优订购量、一个周期内订购与存储费用之和分别为

$$T = \sqrt{\frac{2c_1}{\displaystyle\sum_{i=1}^{m} c_{2i} r_i \frac{p_i - r_i}{p_i}}} \qquad (4.41)$$

$$Q_k = r_k \sqrt{\frac{2c_1}{\displaystyle\sum_{i=1}^{m} c_{2i} r_i \frac{p_i - r_i}{p_i}}} \qquad (4.42)$$

$$c = 2c_1 \qquad (4.43)$$

则传统订购方式下订购 m 种备件时 T_0 内单位时间平均费用为

$$a_1 = \sum_{k=1}^{m} \frac{c(k)}{T_k} = \sqrt{2c_1} \sum_{k=1}^{m} \sqrt{c_{2k} r_k \frac{p_k - r_k}{p_k}} \qquad (4.44)$$

而一次同时订购 m 种备件时 T_0 内单位时间平均费用为

$$a_2 = \sqrt{2c_1} \sqrt{\sum_{i=1}^{m} c_{2i} r_i \frac{p_i - r_i}{p_i}} \qquad (4.45)$$

显然

$$a_1 > a_2$$

表明考虑生产能力而订货费不变、需求恒定、不允许缺货时，一次订购 m 种备件优于 m 种备件单独订购。

4.2.4 考虑生产能力、允许缺货的库存模型

假设在需求恒定情况下,共订购 m 种备件,每种产品允许缺货,订购备件生产需要时间。第 k 种备件的单位时间单位备件存储费用、缺货费用分别为 c_{2k}、c_{3k},日生产量为 p_k,日消耗量为 $r_k(p_k > r_k)$。无论一次订购多种备件还是一种备件,订购费用均为 c_1。采用传统订购方式,第 k 种备件最优订购周期、最优订购量和一个周期内最优总费用分别为

$$T_k = \sqrt{\frac{2c_1(c_{3k}(p_k - r_k) + c_{2k}p_k)}{c_{2k}c_{3k}r_kp_k}} \tag{4.46}$$

$$Q_k = (p_k - r_k)\sqrt{\frac{2c_1c_{3k}r_k}{c_{2k}p_k(c_{3k}(p_k - r_k) + c_{2k}p_k)}} \tag{4.47}$$

$$c(k) = 2c_1 \tag{4.48}$$

一次同时订购 m 种备件,订购周期为 T。周期内存储费用最小时,最优订购周期、最优订购量、一个周期内订购与存储费用之和分别为

$$T = \sqrt{\frac{2c_1}{\displaystyle\sum_{k=1}^{m}\frac{c_{2k}c_{3k}p_kr_k}{c_{3k}(p_k - r_k) + c_{2k}p_k}}} \tag{4.49}$$

$$Q_k = \frac{c_{3k}r_k(p_k - r_k)}{c_{3k}(p_k - r_k) + c_{2k}p_k}\sqrt{\frac{2c_1}{\displaystyle\sum_{i=1}^{m}\frac{c_{2i}p_ir_ic_{3i}}{c_{3i}(p_i - r_i) + c_{2i}p_i}}} \tag{4.50}$$

$$c = 2c_1 \tag{4.51}$$

则传统订购方式下订购 m 种备件时单位时间平均费用为

$$a_1 = \sum_{k=1}^{m}\frac{c(k)}{T_k} = \sqrt{2c_1}\sum_{k=1}^{m}\sqrt{\frac{c_{2k}c_{3k}r_k(p_k - r_k)}{c_{2k}(p_k - r_k) + c_{3k}p_k}} \tag{4.52}$$

而一次同时订购 m 种备件时单位时间平均费用为

$$a_2 = \sqrt{2c_1}\sqrt{\sum_{k=1}^{m}\frac{c_{2k}c_{3k}(p_k - r_k)}{c_{2k}(p_k - r_k) + c_{3k}p_k}r_k} \tag{4.53}$$

显然

$$a_1 > a_2$$

表明考虑生产能力而订货费不变、需求恒定、允许缺货时一次订购 m 种备件优于 m 种备件单独订购。

例 4.2.1 某单位的甲、乙、丙三种装备的日常备件供应主要来源于厂家 A、B。从 A、B 厂订购一次所需费用分别为 120 元、160 元。备件均匀消耗，日消耗量 λ、来源厂家、备件的存储费用、缺货费用以及厂家日生产能力如表 4.2.1 所示。确定各种备件的订货方案。

表 4.2.1　备件信息表

装备类别	备件编号	日消耗量/件	厂家	日产量/件	存储费/(元/件·天)	缺货费/(元/件·天)
甲	1	4	A	10	0.0780	∞
甲	2	3	A	22	0.0390	∞
甲	3	7	A	15	0.0242	∞
甲	4	7	A	14	0.0404	∞
甲	5	5	A	27	0.0196	∞
甲	6	4	A	18	0.0132	∞
甲	7	4	A	18	0.0942	∞
甲	8	6	A	25	0.0956	∞
甲	9	7	A	24	0.0575	∞
乙	10	7	A	17	0.0160	∞
乙	11	5	A	15	0.0235	∞
乙	12	6	A	17	0.0353	∞
乙	13	6	A	26	0.0821	∞
乙	14	9	A	10	0.0215	∞
乙	15	8	B	14	0.0343	∞
乙	16	4	B	15	0.0169	0.0379
乙	17	9	B	29	0.0649	0.0812
乙	18	3	B	21	0.0732	0.0533
乙	19	5	B	15	0.0648	0.0351

80

装备类别	备件编号	日消耗量/件	厂家	日产量/件	存储费/(元/件·天)	缺货费/(元/件·天)
乙	20	6	B	14	0.0451	0.0939
乙	21	7	B	11	0.0547	0.0311
乙	22	9	B	20	0.0296	0.0923
乙	23	5	B	11	0.0745	0.0430
丙	24	6	B	12	0.0189	0.0185
丙	25	8	B	15	0.0687	0.0905
丙	26	9	B	12	0.0184	0.0980
丙	27	5	B	24	0.0368	0.0439
丙	28	8	B	24	0.0626	0.0111
丙	29	7	B	21	0.0780	0.0258
丙	30	3	B	14	0.0281	0.0409
丙	31	8	B	19	0.0929	0.0595
丙	32	5	B	15	0.0776	0.0262
丙	33	8	B	29	0.0487	0.0603
丙	34	6	B	19	0.0436	0.0711
丙	35	9	B	24	0.0447	0.0222
丙	36	8	B	13	0.0306	0.0117
丙	37	5	B	12	0.0509	0.0297
丙	38	7	B	24	0.0511	0.0319
丙	39	6	B	12	0.0818	0.0424
丙	40	4	B	13	0.0795	0.0508

按照 4.2.3 节~4.2.4 节的方法分别计算,求得从厂家 A 订购备件的最佳周期为 9.8931 天,最优单位时间内平均存储费用为 24.2594 元/天,从厂家 B 订购备件的最佳周期为 8.3084 天,最优单位时间内平均订购费用为 38.5150 元/天,备件 1~15 的订购量见表 4.2.2。

从计算结果可以看出:无论从厂家 A 一次订购 15 种备件,还是从厂家 B 一次订购 25 种备件,采用 4.2 节方法都能轻易得到最佳订购量、订购周期和最小存储费用。从表 4.2.2 可以看出,备件的订购量出现了小数,这与备件数量为整数的实际情况不符。对此,选择不超过最优订购量的最小正整数作为实际订购量,结果见表 4.2.3。若订购某种备件时备件还没有用完,则订购适当数量备件达到表 4.2.3 中订购量即可。

表 4.2.2　备件最优订购量

备件编号	订购量	备件编号	订购量	备件编号	订购量
1	39.5723	15	79.1447	29	10.5077
2	29.6793	16	20.6670	30	13.2976
3	69.2516	17	34.6357	31	17.9794
4	69.2516	18	9.5784	32	7.6326
5	49.4654	19	11.0214	33	31.4223
6	39.5723	20	27.0851	34	26.2891
7	39.5723	21	9.9642	35	17.7126
8	59.3585	22	47.2345	36	8.5215
9	69.2516	23	9.9470	37	10.5492
10	69.2516	24	16.3808	38	17.8321
11	49.4654	25	25.3048	39	10.2605
12	59.3585	26	42.7042	40	10.1928
13	59.3585	27	20.1772		
14	89.0378	28	7.0266		

表 4.2.3　备件实际订购量

备件编号	订购量	备件编号	订购量	备件编号	订购量
1	40	15	80	29	11
2	30	16	21	30	14
3	70	17	35	31	18
4	70	18	10	32	8
5	50	19	12	33	32
6	40	20	28	34	27
7	40	21	10	35	18
8	60	22	48	36	9
9	70	23	10	37	11
10	70	24	17	38	18
11	50	25	26	39	11
12	60	26	43	40	11
13	60	27	21		
14	90	28	8		

不同情况下备件存储策略优化问题是一种较为复杂的问题。本节主要针对备件日消耗量恒定的情况进行了研究。通过研究发现：一次同时订购多种备件的策略优于各种备件单独订购的策略。实际工作中，备件日消耗量可能是服从某种概率分布的随机变量。粗略计算时可以按本节方法近似处理，即按照均匀消耗计算。为获得更好的结果，可建立仿真模型，研究不同备件同时订购的最佳库存和安全库存。

4.3　基于备件保障率的备件携行量模型

在给定运输能力的条件下，较好的备件携行量可以减少维修备件的缺货率，提高部队的维修保障能力。对此，本节提出了一般情况下备件携行量模型，并给出了相应的启发式求解方法。备件携行量模型的目标函数主要由备件对装备承担任务的影响确定，不同情况下模型可能不一样。对此，建立了两种特殊情况下的备件携行量模型，并给出了相应的快速求解方法。实验结果表明：基于备件保障率的备件携行量模型可以较好地反映了备件携行量问题，模型求解方法简便易行，计算结果接近实际情况，满足战场环境下实时确定备件携行量的需要。

现代战争是高强度的战争，战场抢修对于夺取战斗胜利具有重要意义。例如，1973 年阿以战争中，战斗开始 18h 内，以色列 70%（大约346 台）坦克丧失了作战能力，通过战场抢修，在 24h 内受损坦克有 80%（大约 270 台）返回战斗[19]，为最终以军夺得战争胜利奠定了基础。在维修保障过程中，充足的备件保障是战场抢修的基础。现有文献对备件需求量[20]、库存[21]等方面进行了研究，而对伴随保障时备件携行量问题的研究较少。由于伴随保障时携带备件量越多，越不利于快速作战；运输队伍越庞大，也越容易受到敌人打击。因此，往往使用较少的运载工具，尽可能多地携带备件，使保障度更高，这就是备件携行量问题。显然，备件携行量问题是一种组合优化问题。备件携行量是保障作战单位武器装备战场修理需要，在给定运力条件下，修理机构（分队）携带的不同种类备件数量[22]。备件的保障率指备件满足备件需求的比率。由于携带的备件种类较多，不同种类备件的重要性可能不一样,不同情况下备件携行量问题的模型也可能不一样。对此,介绍了三种典型情况下备件携行量模型,并给出了相应的求解方法。实验结果表明:模型求解简单,解的质量较高,满足战场环境下快速确定备件携行量的需要。

4.3.1　备件携行量模型

假设携带的备件种类总数为 m,预计第 i 种备件消耗总量为 $n_i(i=1,2,\cdots,m)$,该类备件实际携带数量为 s_i,该种备件每一件的体积、质量分别为 v_i、w_i,允许携带的备件总容积、质量分别为 v、w。第 i 种备件的保障率[23]为

$$p_i = s_i/n_i \tag{4.54}$$

备件携行量模型就是确定不同种类备件携带数量 $s_i(i=1,2,\cdots,m)$,在总容积与总质量的限制条件下使得备件保障率 p 最大,其中

$$p = f(p_1,p_2,\cdots,p_m) \tag{4.55}$$

相应地,备件携行量模型为

$$\max_{s \in D} p$$

$$\text{s. t.} \quad \sum_{i=1}^{m} s_i w_i \leqslant w$$

$$\sum_{i=1}^{m} s_i v_i \leqslant v$$

$$D = \{(s_1,\cdots,s_m) \mid 0 \leqslant s_i \leqslant n_i, i=1,2,\cdots,m\} \tag{4.56}$$

下面针对不同情况分别建立相应模型。

1. 备件同等重要时的备件携行量模型

不同种类备件同等重要,这时不允许任何一种备件的携带量为零。如果以最小的某种备件保障率作为备件保障率,这时备件携行量模型为

$$\max_{s \in D} p = \min\{p_1,p_2,\cdots,p_m\}$$

$$\text{s. t.} \sum_{i=1}^{m} s_i w_i \leqslant w$$

$$\sum_{i=1}^{m} s_i v_i \leq v \tag{4.57}$$

$$D = \{(s_1, \cdots, s_m) \mid 0 \leq s_i \leq n_i, i = 1, 2, \cdots, m\}$$

从式(4.56)和式(4.57)可知:对于不同种类备件同等重要的备件携行量模型,模型的最优解对应备件保障率 p_i 的最小值尽可能大。

2. 备件重要度不同时的备件携行量模型

由于装备武器系统可能有多种不同的武器装备组成,各自的重要程度不一样;即使同一装备,不同的部件重要性也不一样。例如,导弹武器系统中,不仅包括导弹武器本身,还涉及其他辅助车辆,这些车辆的重要性就不一样;对于主战坦克,它的火控系统与机动系统的重要性也不一样。实际应用中,根据武器装备对完成作战任务的重要性以及它的零部件对该武器装备完成任务的影响程度确定相应零部件对应备件的重要度。考虑到武器装备的复杂性,可以采用层次分析法得到不同备件的重要度。假设备件 i 的重要度用 $\alpha_i (\alpha_i \geq 0)$ 表示,满足

$$\alpha_1 + \alpha_2 + \cdots + \alpha_m = 1 \tag{4.58}$$

这时备件携行量模型为

$$\max_{s \in D} p = \alpha_1 p_1 + \cdots + \alpha_m p_m$$

$$\text{s. t.} \sum_{i=1}^{m} s_i w_i \leq w \tag{4.59}$$

$$\sum_{i=1}^{m} s_i v_i \leq v$$

$$D = \{(s_1, \cdots, s_m) \mid 0 \leq s_i \leq n_i, i = 1, 2, \cdots, m\}$$

从式(4.56)和式(4.69)可以看出,备件重要度不同的备件携行量模型中,最优解中某些备件保障率 p_i 可能为0。

4.3.2 备件携行量模型的求解方法

当备件种类较少时,备件携行量模型可以用整数规划方法求得问题的精确解;备件种类数量较大时,计算量太大,一般不能在较短时间内获得问题的精确解。对于一般的备件携行量模型,模型由式(4.54)、式(4.55)和式(4.56)确定。这时备件携行量模型可以采用启发式方法求解,具体步骤如算法4.3.1所示。

算法 4.3.1　一般备件携行量问题求解方法

步骤 1　假设第 i 种备件供应量为 s_i。令 $s_i = 0(1 \leqslant i \leqslant m)$，$u = w$，$x = v$。

步骤 2　计算 $p_i(1 \leqslant i \leqslant m)$ 和 $p = f(p_1, \cdots, p_m)$。

步骤 3　假设第 i 种备件供应量为 $s_i + 1$ 时该类备件保障率为 p'_i，求取 p'_i。

步骤 4　计算 $\Delta f_i(1 \leqslant i \leqslant m)$：

$$\Delta f_i = f(p_1, \cdots, p'_i, \cdots, p_m) - f(p_1, \cdots, p_i, \cdots, p_m)$$

步骤 5　按照式 (4.60) 计算 $t_i(i = 1, 2, \cdots, m)$，并降序排列 t_i，得到的序列 r_i 满足

$$t_i = \frac{\Delta f_i}{\alpha w_i + \beta v_i}, \quad i = 1, 2, \cdots, m \tag{4.60}$$

其中控制参数 α、$\beta \geqslant 0$，$\alpha + \beta = 1$。

$$t_{r_i} \geqslant t_{r_{i+1}}, \quad i = 1, 2, \cdots, m - 1 \tag{4.61}$$

步骤 6　如果存在 $k(1 \leqslant k \leqslant m)$ 满足

$$t_{r_k} = \max\{t_{r_i} \mid u \geqslant w_{r_i} \mid\} \tag{4.62}$$

则

$$u = u - w_{r_k}, \quad x = x - v_{r_k} \tag{4.63}$$

$$s_{r_k} = s_{r_k} + 1 \tag{4.64}$$

$$p_{r_k} = p'_{r_k} \tag{4.65}$$

返回步骤 3；否则执行步骤 7。

步骤 7　改变控制参数 α、β 的值，重新执行步骤 1～6。不同参数 α、β 的作用下可能得到不同结果，选择保障率 p 最大的解作为模型的计算结果，退出计算。

给定备件保障概率的具体形式后，模型的计算方法可以适当简化。下面针对 4.3.1 节的模型分别给出相应的求解方法。

1. 备件同等重要时备件携行量模型求解方法

如果备件携行量模型由式 (4.54)、式 (4.56) 和式 (4.57) 确定，不同备件同等重要，这时模型的求解步骤如算法 4.3.2 所示。

算法 4.3.2　备件同等重要时备件携行量模型求解方法

步骤 1　令 $s_i = n_i, p_i = 1(1 \leqslant i \leqslant m), p = 1$。

步骤 2　计算 $t_1 = w_1 s_1 + \cdots + w_m s_m; t_2 = v_1 s_1 + \cdots + v_m s_m$。

步骤 3　如果 $t_1 \leqslant w$ 且 $t_2 \leqslant v$,则保障率为 p,问题的解为 $(s_1, s_2, \cdots, s_m)$,退出计算;否则执行步骤 4。

步骤 4　令 $p_k = \max \left\{ p_i - \dfrac{1}{n_i} \mid 1 \leqslant i \leqslant m \mid \right\}, s_k = s_k - 1, t_1 = t_1 - w_k,$
$t_2 = t_2 - v_k,$返回步骤 3。

2. 备件重要性不同时备件携行量模型求解方法

当不同备件重要度不一样时,备件携行量模型由式(4.54)、式(4.56)、式(4.58)和式(4.59)确定,这时模型可以转化成 0/1 背包问题求解。每一件第 i 类备件的价值为 $c_i = \alpha_i / n_i (i = 1, 2, \cdots, m)$,评价值为 $\alpha w_i + \beta v_i$,其中控制参数 $\alpha, \beta \geqslant 0, \alpha + \beta = 1$;物品总数为 $n_1 + \cdots + n_m$,其中第 i 类备件共有 $n_i (1 \leqslant i \leqslant m)$ 件;背包的容量为允许携带的备件总评价值 $\alpha w + \beta v$。0/1 背包问题可以采用基于状态转移的组合优化方法求解[24]。求解步骤如算法 4.3.3 所示。

算法 4.3.3　备件重要度不同时备件携行量模型求解方法

步骤 1　利用贪婪算法求取问题的初始解。

步骤 2　利用降维方法、改进近似解的方法逐步简化问题。

步骤 3　使用精确求解方法求解余下的子问题,最终获得问题的解。

步骤 4　改变控制参数 α、β 的值,重新执行步骤 1～3。不同参数 α、β 的作用下可能得到不同结果,选择保障率 p 最大的解作为模型的计算结果,退出计算。

4.3.3　实例分析

例 4.3.1　现需要随军携带 50 种不同备件,预计各种备件所需数量、质量见表 4.3.1,不同备件重要度见表 4.3.2。允许携带备件的总质量为 18000kg,总体积 20m³。分别确定备件保障率由式(4.57)、式(4.59)对应的备件携带方案。

表 4.3.1 不同备件需求数量、单个备件质量(单位:kg)

i	n_i	w_i	v_i	i	n_i	w_i	v_i
1	30	4.5	2	26	37	4.8	2
2	35	6.1	4	27	26	8.1	3
3	76	2.3	1	28	15	7.3	3
4	45	10.9	6	29	65	15.9	6
5	55	12.7	5	30	57	17.7	8
6	97	5.5	3	31	45	4.3	2
7	65	4.1	2	32	38	7.1	3
8	33	3.3	1	33	48	8.3	3
9	45	19.9	10	34	25	14.9	6
10	23	13.7	5	35	48	18.7	8
11	78	6.5	3	36	70	4.9	2
12	90	3.1	2	37	76	6.1	2
13	96	4.3	2	38	67	9.3	4
14	62	18.9	6	39	123	13.9	5
15	103	14.7	5	40	87	14.1	5
16	77	7.5	3	41	13	3.4	3
17	12	1.1	1	42	95	5.1	2
18	45	5.3	3	43	33	2.9	1
19	43	17.9	8	44	74	12.9	5
20	24	15.7	8	45	81	14.5	6
21	88	3.5	2	46	51	4.1	2
22	91	9.1	5	47	39	2.1	1
23	29	6.3	3	48	47	2.8	1
24	44	16.9	7	49	92	11.9	5
25	35	16.7	7	50	100	14.3	6

解 按照算法 4.3.3 给出的该模型求解方法,求解可得:备件保障率分别由式(4.57)、式(4.59)确定时,备件保障率分别为 $p = 0.657$、0.9058,备件携带数量见表 4.3.3(分别与 $S1$、$S2$ 所在列对应)所示。

表 4.3.2 备件的重要度

i	α_i	i	α_i	i	α_i
1	0.029	18	0.019	35	0.03
2	0.02	19	0.015	36	0.018
3	0.01	20	0.032	37	0.038
4	0.009	21	0.019	38	0.044
5	0.013	22	0.03	39	0.012
6	0.013	23	0.02	40	0.01
7	0.01	24	0.012	41	0.03
8	0.017	25	0.015	42	0.019
9	0.011	26	0.007	43	0.018
10	0.026	27	0.015	44	0.007
11	0.015	28	0.051	45	0.01
12	0.029	29	0.02	46	0.02
13	0.005	30	0.015	47	0.027
14	0.017	31	0.009	48	0.016
15	0.019	32	0.016	49	0.015
16	0.011	33	0.01	50	0.09
17	0.017	34	0.02		

例 4.3.1 中,如果备件保障率 p 的表达式为

$$p = p_1 p_2 \cdots p_{50}$$

其他条件相同。按照算法 4.3.2 可以求得备件保障率为 $p = 0.301$,不同备件携带数量见表 4.3.3($S3$ 对应列)。

由表 4.3.3 可知,模型不同,对应的备件携带方案也不相同。备件重要程度相当时,每种备件携带数量占该类备件总需求量的百分比相近;而备件都很重要(如串联系统)时,优先满足那些"保障代价"相对较小的部件,那些"保障代价"相对较大的部件可用的备件相对较少;备件重要度不同时,携带的备件可能没有重要度较低的备件。

89

表 4.3.3　不同模型对应备件携带量

i	S1	S2	S3	i	S1	S2	S3	i	S1	S2	S3
1	20	30	30	18	30	45	45	35	32	48	28
2	23	35	35	19	29	43	29	36	46	70	70
3	50	76	76	20	16	24	24	37	50	76	76
4	30	45	45	21	58	88	88	38	45	67	56
5	37	55	41	22	60	91	57	39	81	0	37
6	64	97		23	20	29	29	40	58	0	37
7	43	65	65	24	29	44	31	41	9	13	13
8	22	33	33	25	23	35	31	42	63	95	95
9	30	0	26	26	25	37	37	43	22	33	33
10	16	23	23	27	18	26	26	44	49	0	40
11	52	78	78	28	10	15	15	45	54	0	36
12	60	90	90	29	43	65	33	46	34	51	51
13	64	1	96	30	38	57	29	47	26	39	39
14	41	56	28	31	30	45	45	48	31	47	47
15	68	0	35	32	25	38	38	49	61	1	44
16	51	77	69	33	32	48	48	50	66	100	36
17	8	12	12	34	17	25	25				

4.3.4　小结

伴随保障时,确定备件携行量是基础。快速确定较好的备件携行方案可以大大提高装备维修保障能力。有时,随着部队推进,保障分队受到打击后将损失一些备件,需要重新补充,这时需要尽快提出新的补充方案。因而备件携行量模型的快速求解具有重要军事意义。

针对一般情况下的备件携行量模型提出了一种快速近似求解方法,并给出了两种特殊情况下的备件携行量模型及其快速求解方法。研究结果表明:备件保障率的表达式对备件携行量模型的影响很大,在实际应用中应根据具体情况确定合适的备件保障率表达式。

4.4　可移动备件仓库设置方法

在未来大规模作战行动中,战场覆盖地域广,使用武器装备多,导致装备维修保障任务十分艰巨[22]。如何快速提供满足维修保障需求的备件保障是赢得高技术战争的重要环节之一。备件保障问题可归结为备件仓库覆盖需求点的问题。文献[25]对大规模 P - 中心问题给出了启发式算法;文献[26]研究了产品会随时间变坏或变好时的动态集覆盖问题;文献[27]讨论了一般覆盖问题,文献[28]对部分覆盖问题进行了研究并提出了覆盖程度的定义。这些问题是基本选址问题,而作战行动中备件仓库的设置与选择还要满足一定的需求。文献[29]研究了汽车备件供应网络优化问题,主要考虑运输成本、存储成本和惩罚成本。文献[30,31]分别从服务水平、总费用两个角度对多个单级仓库供应问题进行了研究。一般情况下,战场上备件消耗具有一定的随机性,按照一定保障度将备件供给到每一维修点(伴随保障小分队)势必增加备件供给量,这与平时备件存储量类似[32]。为了减少备件运输总量,4.1 节中把多个需求点综合起来考虑供应备件。文献[33]研究了固定设施选址问题,使得需求与设施间平均距离最小化;文献[34 - 36]研究了集覆盖问题,减少固定设施数量。文献[37]研究了动态选址问题,在六个条件假设的基础上研究了动态选择装备保障点的方法。实际上战区装备保障点的能力不是无限的,考虑到实际维修能力也不需要无限的保障能力。文献[34 - 37]都是针对固定场地设施选址问题展开研究的,固定保障点不满足未来战场上部队作战流转各地的需要,而可移动备件仓库却需要更加适应形势的变化。因此,未来战场上备件仓库设置优化问题是一种不同于以往固定选址的新问题。本文综合考虑未来战场中作战阵地部署情况、交通情况、备件战场消耗情况、维修分队维修能力等因素,以降低备件供应总量、缩短备件供应时间为目标,首次提出了伴随保障分队从可移动仓库而非固定仓库获取备件的新型保障方式,建立了可移动备件仓库设置优化模型。模型求解结果表明,这种方法在相同保障度下有效减少了备件供应总量,供应相同备件总量的情况下有效提高了备件保障度,可移动备件仓库随作战推进而向前推进,提高了备件供应的时间效率,对提高装备保障能力具有十分重要的意义。

4.4.1 可移动备件仓库

由于未来战场上部队作战行动展开地域广阔,而装备维修保障地点始终随作战进程不断发生变化。在这种情况下,在可能的战场上预先建设好固定仓库,并存放大量备件来满足战争需要,将造成很大浪费。而让伴随保障分队一次性携带大量备件跟随作战部队行动,将造成保障队伍过于庞大,严重影响作战行动的机动性能。因此,建立临时的可移动备件仓库,多个伴随保障分队根据需求情况从可移动仓库领取备件,这种方式对提高部队装备保障能力将产生积极影响。定义可移动仓库如下:

定义 1 在未来战场的特定区域,临时构建可重复使用的库房,并存放一定数量的各种备件,用于满足战场装备维修需要,随作战阵地的变化整体可移动。把这种仓库称为可移动仓库。

从定义可以看出,可移动仓库拥有备件仓库的功能,同时它又具备一定的机动性。作战过程中,可移动仓库并不与作战单元一起行动,而是在临近区域提供保障。

4.4.2 可移动备件仓库位置选择优化模型

考虑到作战区域的分散性,可移动备件仓库位置选择需要综合考虑各作战单元的作战阵地、固定备件仓库的分布以及地形地貌情况。为便于问题研究,假设可移动备件仓库可设置在某些区域,而伴随保障分队活动在一些特定区域,这些区域用该区域中覆盖的可通行公路表示,如图 4.4.1 所示。

假设作战过程中共有 n 个作战单元参加战斗;每个作战单元都有一个伴随保障分队;作战区域的大致位置确定,而具体位置具有一定的随机性、移动性。根据实际需要将设置 m 个可移动备件仓库,负责向伴随保障分队供应所需备件。

考虑到作战区域具体位置在小范围内的不确定性,而可移动备件仓库需要提前到位,确定备件仓库设置位置时,不妨假设作战单元在作战区域内服从均匀分布,各可移动备件仓库拥有的备件、车辆等可以相

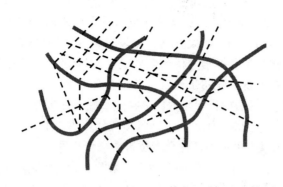

图 4.4.1 可移动备件仓库及伴随保障交通网络示意图

注：实线路段上可设置可移动仓库，实线、虚线段均可作为伴随保障活动路段。

互增援。这样，问题归结为把各路段分配给 m 个可移动备件仓库，使得：

（1）可移动备件仓库到达负责范围内的伴随保障分队所需时间不超过时间 T，且 T 越小越好；

（2）可移动备件仓库承担的备件保障任务较为均衡，即各仓库负责的伴随保障分队数量较为均衡，接近 n/m。

由此，得到可移动备件仓库优化模型如下：

$$
\begin{cases}
\min T \\[2mm]
\min \sum_{i=1}^{m} \left(S_i - \dfrac{n}{m} \right)^2 \\[2mm]
\text{s. t.} \\[2mm]
T = \max\{ T_i \mid 1 \leqslant i \leqslant m \mid \} \\[2mm]
T_i = \max\{ d(P_i, Q)/v \mid Q \in D_i \mid \} \\[2mm]
D = \bigcup_{i=1}^{m} D_i
\end{cases}
\tag{4.66}
$$

式中：S_i 表示备件仓库 i 负责输送备件的伴随保障分队数；T_i 表示可移动备件仓库 i 到达距离其管辖范围内最远的伴随保障分队所需时间；P_i 为第 i 个可移动备件仓库所在位置；D_i 为该仓库负责保障区域；Q 为区域内的伴随保障分队可能的位置；$d(P_i, Q)$ 表示交通网络图上

P_i 与 Q 之间的最短距离;v 为运输车辆行进平均速率;D 为作战区域。

由于可移动备件仓库设置问题比较复杂,可把这种双目标函数的优化问题转化为单目标函数优化问题处理,具体求解时可以迭代改进策略获得较好的解。先初步设定可移动备件仓库的位置,然后分配仓库负责区域,计算初始目标函数值。在此基础上逐步改进,得到更好的近似解,直到不能改进为止[38]。计算步骤如算法 4.4.1 所示。

算法 4.4.1 可移动备件仓库位置选择优化方法

步骤 1 输入可移动备件仓库设置数目 m,伴随保障分队数目 n,作战区域 D,道路信息(包括道路长度、路口情况等),运输车辆行进速度。

步骤 2 设定可移动备件仓库初始位置。

步骤 3 依据公式(4.67)计算分区 D_i:

$$D_i = \{Q \mid d(P_i,Q)/v \mid = \min\{d(P_j,Q)/v \mid Q \in D, 1 \leqslant j \leqslant m\}\}$$

(4.67)

步骤 3 估计供应备件责任区 D_i 内伴随保障分队数目 S_i,按照式(4.68)、式(4.69)计算 T_i 和 T:

$$T_i = \max\{d(P_i,Q)/v \mid Q \in D_i\}$$ (4.68)

$$T = \max\{T_i \mid 1 \leqslant i \leqslant m\}$$ (4.69)

步骤 4 按照下式计算任务均衡指标 U:

$$U = \sum_{i=1}^{m} \left(S_i - \frac{n}{m}\right)^2$$ (4.70)

步骤 5 如果 $T_b < 0$,或者 $T_b > T$,或者 $T_b = T$ 而且 $U_b > U$,则保留计算结果:

$$T_b \leftarrow T, U_b \leftarrow U, I_b = (P_1, P_2, \cdots, P_m)$$

否则,改变 $(P_1, P_2, \cdots, P_m)$,返回步骤3,直到目标函数值 T_b 与 U_b 没有明显改进为止。

步骤 6 输出结果,退出计算。

例 4.4.1 在图 4.4.2 所示区域内将有 5 个伴随保障分队参与维修保障工作,设置 2 个可移动备件仓库,确定仓库位置,运输车辆速度

94

为 60km/h,每个作战单元对一种备件需求服从正态分布 $N(1000,$ 40000)。图 4.4.2 中各节点间距离见表 4.4.1。

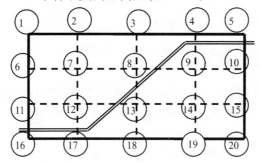

图 4.4.2　作战区域道路分布示意图

表 4.4.1　战区路段长度(单位:km)

路段	长度	路段	长度	路段	长度
$L(1,2)$	20	$L(18,19)$	20	$L(10,15)$	15
$L(6,7)$	20	$L(4,5)$	20	$L(14,19)$	15
$L(11,12)$	20	$L(9,10)$	20	$L(3,8)$	15
$L(16,17)$	20	$L(14,15)$	20	$L(7,12)$	15
$L(2,3)$	20	$L(19,20)$	20	$L(11,16)$	15
$L(7,8)$	20	$L(1,6)$	15	$L(15,20)$	15
$L(12,13)$	20	$L(5,10)$	15	$L(4,9)$	15
$L(17,18)$	20	$L(9,14)$	15	$L(8,13)$	15
$L(3,4)$	20	$L(13,18)$	15	$L(12,17)$	15
$L(8,9)$	20	$L(2,7)$	15		
$L(13,14)$	20	$L(6,11)$	15		

在伴随保障分队所处位置均匀分布在各路段的情况下,采用算法 4.4.1 求解可得:在节点 2、19 处分别设置一个可移动备件仓库较为合理,可移动备件仓库负责保障区域用双线分隔开,如图 4.4.2 所示。假设某一种备件实际需求服从正态分布 $N(\mu,\sigma^2)$,维修工作所需备件都由伴随保障分队携带,保障度设置为 80%时伴随保障分队携带该种备件总量为

$$S_1 = 5\mu + 4.208\sigma = 5842$$

而采用可移动备件仓库时该种备件携带总量为

$$S_2 = 5\mu + 1.8819\sigma = 5376$$

相对而言,保障度 0.8 时,若采用可移动备件仓库,该种备件携带总量减少 468 件。如果采用可移动备件仓库时该种备件携带总量也为 5842 件,保障度将提高到 97%,并且大大节省了使用车辆总数。作战过程中,随着部队推进,重复调用 4.4.2 节模型求解结果,就能确定备件仓库新的部署位置。

本节针对大规模作战情况下装备维修备件供应问题,提出了一种可移动备件仓库供应备件的策略,建立了可移动备件仓库设置优化问题的数学模型并提出了相应求解方法。研究结果表明:采用可移动备件仓库方式供应伴随保障分队展开维修活动所需备件,相同保障度情况下可有效降低备件运输总量,而相同备件运输总量时可大大提高备件供应保障度。本节阐述的可移动备件仓库设置方法可用计算机自动求解,对提高作战过程中小远散单位保障能力具有重要意义。

4.5 考虑维修能力的战时备件资源配置方法研究

未来战场上装备维修保障工作是一项非常复杂的工作,具备保障空间范围广、保障任务重、保障时间短但时效性强等特点。一般情况下,在固定地域作战的时间较短。这些特点对装备维修保障提出了新的要求,主要表现为维修保障需求随时间、作战地域变化呈现动态变化的特性,保障实时性要求高、保障度要求高。为了适应这种形势,装备维修资源配制需要综合考虑维修人员配备情况、维修任务情况以及作战任务进展情况。一般情况下,时间在供应链中的作用越来越突出[39],而且备件供应通常需要考虑多种准则[40],文献[41]从全寿命周期费用最小出发研究了考虑故障维修的备件供应问题,文献[42]则研究了对生产系统故障的动态响应产生的影响,文献[43-45]研究了不同因素对备件采购策略的影响,这些研究工作对战时备件配置具有一定参考价值。文献[46,47]考虑了面向任务的维修资源优化配置问题,但没有考虑维修力量、维修权限等因素。文献[48]以减少故障停机时间为目标研究了备件和修理设备的影响,建立了维修资源的配置数量与故障停机率的定量模型,这与战场装备维修保障工作有较大差异,且不涉及作战任务、维修保障任务。文献[49]中考虑不同维修要求、维修对象维修状态的不确定性,研究了服务资源配置问题,提出了最小化服务成本的服务资源配置模型,而战时装备维修保障工作更加注重维修时间。

作战过程中,备件配置的目的满足故障武器装备战时抢修需求,受备件仓库、作战任务、故障武器装备的数量和维修力量等因素制约。结合战时装备维修保障中资源配制问题的特点,提出了一种综合考虑作战装备、作战任务阶段对装备保障需求、维修保障机构、备件仓库、作战环境交通状况、作战时间要求等因素,以满足后续作战任务对武器装备的需求、维修保障资源配置数量最小化为目标的优化模型,并提出了模型的求解方法。通过例题研究作战中装备毁损后维修保障情况,采用本方法实现了战时备件资源的实时配置,并且满足作战任务对武器装备使用的时限性要求,配置资源达到了最小化,说明本方法是一种行之有效的方法。

4.5.1　战时备件资源配置影响因素分析

战时装备维修保障备件资源配置数量受多个因素的影响,包括作战装备情况、作战任务对武器装备的功能需求情况、维修保障机构情况、备件仓库情况和作战环境交通状况等。

1. 作战装备对备件资源需求的影响

战时作战装备对备件需求的影响主要体现在三个方面:作战装备自身状况越差,发生故障的概率越大,所需备件越多;一般而言,投入使用装备类型越多,需要携带的备件品种越多;投入使用的作战装备越多,发生故障的装备总量越多,所需备件越多。

2. 作战任务对备件资源需求的影响

作战任务对备件资源需求的影响可从作战对象、作战时间、作战阶段等方面考虑。作战对象对我威胁程度越大、杀伤能力越强,则维修任务越重,所需备件越多;作战时间越长,通常维修任务越重,所需备件资源越多;作战阶段不同,作战装备的功能需求不同,因而所需备件资源也会有所不同。

3. 维修保障机构对备件资源需求的影响

维修机构分为基地级、中继级和基层级。维修机构级别不同,维修权限不同,承担的维修任务不同,所需备件资源的种类、数量都会有一定差异。基层级维修机构只能承担部分小修任务,中继级维修机构承担小修、中修任务,而基地级维修机构负责小修、中修和大修任务。由于维修任务存在差异性,不同级别维修机构所需的备件资源种类与数量都有一定差异。此外,不同级别维修机构在不同时间段采用换件维修还是修复性维修也会有一定差异,直接导致不同维修机构的备件需求种类、数量存在差异。

4. 备件仓库对备件资源需求的影响

备件仓库的级别、部署位置、库存情况都有一定差异,这些差异对备件维修资源需求的影响主要表现为战时备件仓库与维修机构距离远近不同,不同备件在维修保障任务中发挥的作用以及对应维修时间不同。考虑到作战任务的时效性,配置备件时需要综合考虑备件种类、数量、来源仓库和维修使用时间。

5. 作战环境交通状况对备件需求的影响

作战环境交通状况对备件需求种类、数量有一定影响。这种影响主要表现为交通状况影响备件运输时间,包括路况、路程长短等影响因素。考虑到作战任务时间限制,必须合理选择备件类型、备件来源,尽量降低维修保障工作对作战任务的影响。

4.5.2 战时装备维修保障资源配置优化模型

由于战时备件资源配制问题的复杂性,备件资源配制需要考虑多个方面的因素。假设给定作战过程中一个作战单元拟使用的武器装备 i 的数量 N_i、每台装备可能发生故障的部件 P_{ij}、部件的数量 s_{ij} 以及单一部件维修方式和所需维修时间 t_{ij},每个作战单元配备维修力量每小时可完成维修工作量 T_a,武器装备在作战过程中在阶段 k 使用情况 u_k、时限要求 $[S_k, E_k]$ 及装备部署 L_i 情况,备件仓库级别 R_h 以及部署情况 W_h、平时应用损耗 r_{ij}、战争损毁情况 d_{ij} 等。

单纯考虑装备损耗情况时,依据战时应用损耗 r_{ij} 和战争损毁造成的消耗量 d_{ij} 可以确定备件需求量 A_{ij}[50]:

$$A_{ij} = r_{ij} + d_{ij} \tag{4.71}$$

由于作战使用过程中武器装备故障后,首先由伴随保障分队对装备进行抢修,而抢修活动又有时间限制,即

$$t_e(W_k) = t_r(W_k) + t_w(W_k) + t_s(W_k) \in [S_k, E_k] \tag{4.72}$$

式中: $t_s(W_k)$、$t_r(W_k)$、$t_w(W_k)$ 与 $t_e(W_k)$ 分别表示武器装备在第 k 阶段实际开始投入使用的时刻、维修占用时间、使用时间和最迟使用结束时刻。显然,装备战争损毁情况可能发生在作战过程的任何一个阶段。根据作战装备在不同作战阶段的使用要求,为了尽快满足作战需要,伴随保障分队首先针对当前阶段作战任务所需的武器装备进行抢修,时间足够的情况下继续维修后续作战过程中需要使用的武器装备,已经过去的作战阶段作战任务所需部件故障后安排战斗结束后修理。此外,维修力量还面临不能完成全部维修保障任务的问题,这时也不需要伴随保障分队携带全部故障装备维修所需的备件。因此,按照式(4.71)并不能确定伴随保障分队需要配置的备件。一个伴随保障分队在第 k 作战阶段消耗的备件数量 f_{ij}^k(恢复第 k 阶段作战任务所需功能)满足

$$\sum_{i=1}^n \sum_j f_{ij}^k t_{ij} \leqslant (E_k - t_w(W_k) - t_s(W_k)) T_a \tag{4.73}$$

依据式(4.73),可知第一阶段装备故障后,修理故障装备对应的作战任务需求所在阶段为 $1, 2, \cdots, K$。设 V_{ik} 表示第 l 阶段作战任务所需部件故障后在第 k 阶段维修投入的时间,则 $l \geqslant k$ 时 $V_{lk} = 0, l \leqslant k$ 时 $V_{lk} \geqslant 0$,并且

$$\sum_{l=1}^k V_{lk} T_a \leqslant \sum_{i=1}^n \sum_j f_{ij}^k \tag{4.74}$$

若对前 k 阶段不等式(4.74)取等号,则第 k 阶段作战任务可执行;否则,需要整体更换某些故障装备,而整体更换件来源于特定仓库。假设

作战过程中武器装备最多遭受一次打击造成毁损,遭受打击的概率为p_d。假设阶段k作战武器装备受到打击的概率为p_k,与暴露时间有关。
战时装备维修保障资源配置模型如下:

（1）伴随保障分队g维修保障资源配置量为

$$B_{ij}^g = \begin{cases} A_{ij}, & \sum_{l=1}^{k} V_{lk} T_a = \sum_{i=1}^{n} \sum_j f_{ij}^k \\ 0, & \sum_{l=1}^{k} V_{lk} T_a < \sum_{i=1}^{n} \sum_j f_{ij}^k \end{cases} \quad (4.75)$$

（2）战时维修中心给一个作战单元g所需维修保障资源配置量为

$$C_{ij}^g = \begin{cases} 0, & \sum_{l=1}^{k} V_{lk} T_a = \sum_{i=1}^{n} \sum_j f_{ij}^k \\ A_{ij}, & \sum_{l=1}^{k} V_{lk} T_a < \sum_{i=1}^{n} \sum_j f_{ij}^k \end{cases} \quad (4.76)$$

战时维修保障中心维修保障资源配置量为各作战单元所需维修保障资源配置量总和。式(4.75)表明:伴随保障分队在作战任务阶段不能完成维修任务时,将不携带故障装备维修所需相关备件,只携带在一定时间内可完成维修任务所需的备件。而式(4.76)表明:战时维修中心将重点修复故障装备,即伴随保障分队在规定时间段内不能完成维修任务的故障装备,需要配置相应的备件。携带备件资源种类、数量将取决于可能的故障以及装备维修所需的时间。

综合考虑战时装备维修的各种因素,战时维修保障资源配置优化模型为

$$\min \{ \max \{ S_A, S_B, S_C \} \}$$

$$\min \sum_g (B_{ij}^g + C_{ij}^g)$$

s. t.

资源尽可能满足作战任务要求

$$1 \leqslant i \leqslant n \qquad (4.77)$$

式中：S_A 表示成套武器装备 A1 ~ A7 的套数；S_B 表示成套武器装备 B1 ~ B5 的套数；S_C 表示成套武器装备 C1 ~ C7 的套数。

模型求解步骤如下：

步骤 1 输入作战任务情况，包括作战地段、作战阶段和时限要求；输入作战单元数量、每个作战单元使用武器装备以及每台武器装备可能故障部件及其数量，输入可以整体更换的装备组合，输入伴随保障分队维修能力（每小时可完成维修任务量），输入武器装备仓库位置以及道路网拓扑结构。

步骤 2 计算每一个作战单元作战任务各阶段的时间裕度。

步骤 3 计算作战任务各阶段使用的武器装备故障后所需的维修时间以及伴随保障分队维修这些故障装备所需的维修时间。

步骤 4 判断一个作战单元的各阶段作战任务的时间裕度是否满足该阶段所需全部武器装备故障后所需维修时间需求。若自某一阶段后所有阶段都满足需求，则携带自该阶段起后续各阶段作战任务使用的武器装备故障维修所需全部备件；否则，只选择携带特定时间内可完成维修任务对应的部分备件。

步骤 5 根据各个作战单元配属的伴随保障分队可完成维修任务的具体情况，调整携带备件资源，使得补充成套武器装备的总数量相对均衡且数量最少。

4.5.3 例题分析

例 4.5.1 某部实施作战行动中，共派出 5 个作战单元。每个作战单元使用装备 A1 ~ A7、B1 ~ B5、C1 ~ C7，这些装备分别安装在平台 A、B、C 上。作战共分 4 个阶段，每个单元每个阶段作战区域以及仓库中心、战时维修中心位置如图 4.5.1 所示，图中⑬表示第 1 个作战单元第 3 阶段作战任务终止地点，边的权值表示相邻两个节点之间的距离（单位：km）。装备可能故障以及维修信息见表 4.5.1 所示，各阶段作战时间要求见表 4.5.2 所示。

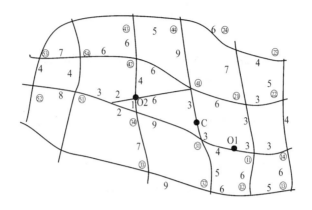

图 4.5.1　作战阶段点、仓库及维修中心位置图

表 4.5.1　装备可能故障部件数及单一部件故障维修时间(单位:min)

装备代号	作战阶段	故障部件代号	(数量,时间)	故障部件代号	(数量,时间)	故障部件代号	(数量,时间)
A1	1	P11	(6,5)	P12	(5,6)	P13	(8,3)
B4	4	Pb1	(8,5)	Pb2	(9,4)		
A2	2	P21	(9,4)	P22	(8,7)	P23	(3,5)
B5	3	Pc1	(9,7)	Pc2	(5,6)	Pc3	(3,3)
A3	1	P31	(5,6)	P32	(6,5)		
C1	3	Pd1	(7,6)	Pd2	(4,8)	Pd3	(6,5)
A4	3	P41	(4,3)	P42	(9,4)	P43	(8,2)
C2	2	Pe1	(6,8)	Pe2	(9,7)	Pe3	(8,8)
A5	4	P51	(6,7)	P52	(5,8)	P53	(9,4)
C3	4	Pf1	(3,9)	Pf2	(6,5)	Pf3	(7,4)
A6	1	P61	(9,8)	P62	(8,3)	P63	(9,3)
C4	1	Pg1	(7,8)	Pg2	(7,3)		
A7	3	P71	(10,6)	P72	(7,6)		
C5	1	Ph1	(9,5)	Ph2	(8,6)		
B1	2	P81	(5,5)	P82	(6,2)	P83	(2,5)
C6	3	Pi1	(2,6)	Pi2	(3,8)	Pi3	(8,4)

装备代号	作战阶段	故障部件代号	（数量,时间）	故障部件代号	（数量,时间）	故障部件代号	（数量,时间）
B2	3	P91	(8,4)	P92	(8,3)	P93	(9,4)
C7	2	Pj1	(8,5)	Pj2	(6,6)	Pj3	(6,3)
B3	1	Pa1	(3,3)	Pa2	(3,5)	Pa3	(5,6)

说明：如果某一作战单元的武器装备组合 A1 ~ A7 故障、组合 B1 ~ B5 故障或者组合 C1 ~ C7 故障后可以整体更换。更换所需时间为供货仓库到作战阵地的机动时间,机动速度为 90km/h。伴随保障分队每小时可完成 900min 维修任务量

表 4.5.2　各单元作战时限要求信息

阶段		单元 1	单元 2	单元 3	单元 4	单元 5
任务所需时间	1	24min	30min	20min	20min	24min
	2	30min	25min	30min	35min	30min
	3	50min	40min	50min	35min	50min
	4	40min	30min	35min	50min	35min
最早开始时刻	1	8:00	7:50	7:30	8:20	8:50
	2	9:00	8:50	8:35	9:10	9:30
	3	9:50	10:05	9:30	10:10	10:05
	4	11:15	11:10	10:55	11:00	11:10
最迟结束时刻	1	9:00	9:00	8:30	9:30	9:40
	2	10:00	10:10	9:30	10:20	10:10
	3	11:20	11:10	11:00	11:05	11:20
	4	12:25	12:05	11:55	12:20	12:00

　　假设作战单元 1,2,…,5 分别在作战阶段 4、2、1、3、2 受到打击,确定各伴随保障分队、战时维修中心所需配置备件资源数量。

　　按照 4.5.2 节的方法,不妨假设作战过程中,各作战阶段都是尽可能早地开始执行作战任务,武器装备故障后等待修复。修复后不再发生故障,可持续完成后续各阶段作战任务。计算可得各作战单元完成作战任务的时间裕度及该作战单元故障装备全部由伴随保障分队维修所需时间,见表 4.5.3。

表 4.5.3　各阶段作战任务时间裕度与故障装备
对应维修工作量(单位:min)

作战阶段序号	1	2	3	4
维修时间	32.7	28.2	35.5	18.6
作战单元 1 时间裕度	36	30	40	30
作战单元 2 时间裕度	40	55	25	25
作战单元 3 时间裕度	40	25	40	25
作战单元 4 时间裕度	50	35	20	30
作战单元 5 时间裕度	26	10	25	15

　　从表 4.5.3 可以看出,作战单元 1 在各作战阶段的时间裕度满足全部故障装备维修任务需求,因此作战单元 1 的伴随保障分队应携带全部故障维修所需备件;而作战单元 2、作战单元 3、作战单元 4 的时间裕度不满足全部故障装备维修任务需求,配备的伴随保障分队分别携带作战阶段 4、作战阶段 3、作战阶段 4 故障装备维修所需的备件,作战单元 5 配备的伴随保障分队不需要携带备件。若作战单元 3 在作战第一或第二阶段遭受打击,作战单元 2、作战单元 4 在作战第一、第二或第三阶段遭受打击,作战单元 5 在任何一个作战阶段遭受打击,都需要从特定仓库发送成套武器装备。由此看出,5 个作战单元遭受打击后,需要配送成套武器装备 4 套(每套含 A1 ~ A7、B1 ~ B5、C1 ~ C7)。

　　表 4.5.4 给出了从仓库运输成套武器装备到作战区域的最短距离及所需时间。比较表 4.5.3 和表 4.5.4 可知,不同作战阶段内各个作战单元的武器装备受到打击毁损后,都能够在时限要求内完成故障武器装备

表 4.5.4　装备仓库到作战单元的距离(单位:km)、时间(单位:min)

作战阶段	1	2	3	4
单元 2	(O1,6,4)	(O1,9,6)	(O1,14,9.3)	(O1,15.5,10.3)
单元 3	(O1,4,2.7)	(O1,9,6)	(* ,13,8.7)	(O2,8,8.7)
单元 4	(O2,6,4)	(O2,8,5.3)	(O2,10,6.7)	(O2,15,10)
单元 5	(O2,5,3.3)	(O2,13,8.7)	(O2,16.5,11)	(O2,16,10.7)
注: * 表示 O1 或者 O2,由作战单元到 O1、O2 距离的大小决定				

的成套补充。这种可行性由供应仓库与作战单元的距离、武器装备投送速度决定。

为了充分发挥伴随保障分队的作用,让他们在武器装备受到打击后修复部分装备,减少配送成套武器装备数量。经计算,各作战单元的伴随保障分队携带备件资源见表4.5.5,伴随保障分队没有完成的维修任务(含成套后撤的故障装备)由维修中心负责维修。

表4.5.5 伴随保障分队携带备件资源情况

所属作 战单元	维修 A1 ~ A7 所需备件资源	维修 B1 ~ B5 所需备件资源	维修 C1 ~ C7 所需备件资源
作战单元 1	全部携带	全部携带	全部携带
作战单元 2	全部携带	全部携带	C3 所需
作战单元 3	A4、A5、A7 所需	全部携带	全部携带
作战单元 4	A5 所需	B4 所需	全部携带
作战单元 5	全部携带	不携带	不携带

这时,如果作战单元1~5在作战过程中受到打击,除了伴随保障分队携带的备件资源,不需要另外为作战单元1提供成套武器装备;需要为作战单元5提供成套装备 B1~B5、C1~C7;若在作战第一、第二或第三阶段受到打击,需要为作战单元2提供成套装备 C1~C7,为作战单元4提供成套装备 A1~A7、B1~B5;若在作战第一或第二阶段受到打击,为作战单元3提供成套装备 A1~A7。显然,5 个作战单元遭受打击后,最多只需要配送成套武器装备2套(每套含 A1~A7、B1~B5、C1~C7)。相对而言,有效地减少了需要准备的备用武器装备套数,而且也充分发挥了伴随保障分队的作用。遭受打击后的待修复故障装备撤收运送到维修中心,所需维修备件资源总量为修复这些装备的备件综合。由此可以看出:成套补充的武器装备总量越少,需要配置给维修中心和伴随保障分队的备件资源总量就越少。

4.5.4 小结

战时备件资源配置问题较为复杂,重点从维修能力的角度研究了备件资源配置的优化方法,一方面突出了战时维修任务的特点,尽可能不影响作战任务的正常进行；另一方面则体现了资源节约型战争，尽量以最低的资源消耗完成作战任务是赢得战争最后胜利的重要基础。研究结果表明：采用本节方法可以有效减少备件资源数量，达到了提高保障效率的目的。由于作战过程是一个持续进行的过程，装备故障、毁损的发生也具有一定的随机性，将结合毁损过程进行更加深入的研究。

参 考 文 献

[1] 赵建民,徐文根. 多级库存系统理论及其在维修决策中的应用[J]. 军事系统工程, 1995, 9(4): 29 – 33.

[2] Zanoni Simone, Ferretti Ivan, Zavanella Lucio. Multi-echelon on spare parts inventory optimization: a simulative study [C]//Proceedings 19th European Conference on Modelling and Simulation, 2005. ISBN 1 – 84233 – 112 – 4 (Set)/ISBN 1 – 84233—113 – 2 (CD), WWW. SCS-europe. net/services/ecms2005/pdf/or – 07. pdf.

[3] Liu Liming, Liu Xiaoming, Yao David D. Analysis and Optimization of a Multistage Inventory Queue System [J]. Management science(S0025—1909), 2004, 50(3): 365 – 380.

[4] Kennedy WJ, Patterson J W, Fredendall L D. An overview of recent literature on spare parts inventories[J]. International Journal of production economics(S0925—5273),2002,76(2): 201 – 215.

[5] 牛海军,孙树栋. 多阶段生产/库存系统随机需求的整体库存模型[J]. 西安电子科技大学学报, 2001, 28(5): 612 – 615.

[6] 张金隆,陈涛,王林,等. 基于备件需求优先级的随机库存控制模型研究[J]. 中国管理科学. 2003,11 (6):25 – 28.

[7] 王瑛,孙林岩. 基于合作需求预测的多级库存优化模型[J]. 系统工程理论方法应用, 2004,13(3): 208 – 213.

[8] Moinzadah K. Lee H L. Batch size and stocking levels in multi-echelon repairable systems [J]. Management Science(S0925-5273), 1986, 32(12): 1567 – 1581.

[9] Sherbrooke C C. Multiechelon inventory systems with lateral supply[J]. Naval Research Logistics(S0894 – 069x), 1992,39(1): 29 – 40.

[10] Shtub A, Simon M. Determination of reorder points for spare parts in a two – echelon inventory system: The case of non · – identical maintenance facilities[J]. European Journal of Operational Research (S0377-2217), 1994, 73(3): 458 – 464.

[11] Dfaz Angel, Fu Michael C. Multi-echelon models for repairable items: a review [Z]. https:// drum. umd. edu/dspace/bitstrearrfl190312300111review. pdf.

[12] Alfredsson Patrik. Olof Waak. Constant VS non-constant failure rates: Some misconceptions

with respect to practical applications [C]//Exeter, UK: 15th International Logistics Congress, 1999. http://www. systecon. se/papers/constant. pdf.

[13] Deshpande V, Cohen A, Donohue K. An empirical study of service differentiation for weapon system service parts[J]. Operational research(S0030-364X),2003,51(4): 518 –530.

[14] 谢东升, 王正元. 基于仿真的可修复性备件需求预测方法[J]. 第二炮兵工程学院学报, 2010, (3).

[15] 刘君. 基于贝塞尔理论和 PSO 算法的备件模糊 EOQ 库存模型研究[D]. 武汉：华中科技大学, 2009.

[16] 刘明. 集中采购模式下汽修备件存储补货系统研究[D]. 上海：上海交通大学, 2010.

[17] 郝国英. 信息链环境下信息共享对库存的影响研究[D]. 石家庄：河北工业大学, 2005.

[18] 李阳. 基于装备战备完好性的备件配置优化研究[D]. 电子科技大学, 2009.

[19] 贾希胜, 甘茂治. 战场抢修力量建设与准备的思考[J]. 军械工程学院学报, 1995, 7(2): 7 – 12.

[20] 李金国, 丁红兵. 备件需求量计算模型分析[J]. 电子产品可靠性与环境试验, 2000, (3): 11 – 14.

[21] 曹军海, 徐综昌. 以可用度为中心的备件库存模型[J]. 兵工学报(坦克装甲车与发动机分册),1997, (1):25 – 33.

[22] 李建平, 石全, 甘茂治. 装备战场抢修理论与应用[M]. 北京：兵器工业出版社, 2000.

[23] 李景文, 毕义明, 李红文, 等. 导弹武器系统工程[M]. 西安：第二炮兵工程学院出版社, 1999: 355 – 355.

[24] 王正元. 基于状态转移的组合优化方法[D]. 长沙：国防科学技术大学,2004.

[25] Yuri L, Adi B. A heuristic method for large-scale multi-facility location problems[J]. Computers & Operations Research, 2004, 31(2): 257 – 272.

[26] Hwang H S. A stochastic set-covering location model for both ameliorating and deteriorating items[J]. Computers & Industrial Engineering, 2004, 46(4): 313 – 319.

[27] Berman O, Krass D, Drezner Z. The gradual covering decay location problem on a network [J]. European Journal of Operational Research, 2003, 151(3): 474 – 480.

[28] Orhan K, Esra K K. A maximal covering location model in the presence of partial coverage [J]. Computers & Operations Research, 2004, 31(3): 1515 – 1526.

[29] Gao Y, Lin Xd, Wang D. A computer based strategy design for automobile spare part logistics network optimization [C]// International Conference for Internet Technology and Secured Transactions, (ICITST), 2009:1 – 6.

[30] 许民利, 孙彩群. 基于等待时间限制的服务备件多点转运库存模型研究[J]. 山东大学学报(理学版), 2010, 45(3): 61 – 65.

[31] Li S M, Sun S D, Wang N, et al. Multi-single inventory control model and optimization of

spare parts based on group replacement policy [C]// IEEE the 17th International Conference on Industrial Engineering and Engineering Management, 2010: 1364 – 1368.

[32] Si S B, Jia D P, Wang N, et al. Optimizing method of two-echelon equipment's spare parts inventory system with random horizontal replenishment [C]// IEEE International Conference on Service Operations and Logistics, and Informatics, 2008: 2945 – 2950.

[33] Hakimi S L. Optimum locations of switching centers and the absolute centers and medians of a graph[J]. Operations Research, 1964, 12(1): 450 – 459.

[34] Toregas C, Swain R, Revelle C S, et al. The location of emergency service facility[J]. Operations Research, 1971, 19(6): 1363 – 1373.

[35] Church R L, ReVelle C S. The maximal covering location problem[J]. Papers of the Regional Science Association, 1974, 32(1): 101 – 118.

[36] Daskin M S. A maximum expected covering location model: formulation, properties and heuristic solution[J]. Transportation Science, 1983, 17(1): 48 – 70.

[37] 董鹏, 杨超, 冷静. 战区装备保障点动态选址决策模型及算法[J]. 系统工程与电子技术, 2011, 33(8): 1804 – 1809.

[38] Nocedal J, Wright S J. Numerical Optimization[M]. 2nd ed. New York: Springer, 1999.

[39] Jay Jina. Getting value time in the supply chain [J]. http://www. littoralis. info/iom/assets/ 19960501a. pdf.

[40] Bacchetti1 A, Plebani1 F, Saccani1 N, etc. Spare parts classification and inventory management: a case study [C]. //Salford business school working paper(WP) series. Manchester: University of Salford, 2013:1 – 36.

[41] Martijn Smit. Life cycle cost optimization [D]. Holland: University of Twente, 2009.

[42] Vasanth K, Farahnaz G M, Sunith H, etc. System dynamics based perspective to reliability centered maintenance [C]. Proceedings of the 30th International Conference of the System Dynamics Society, 2012:1 – 17.

[43] Robert W B. Improving Air Force Purchasing and Supply Management of Spare Parts [D]. RAND graduate school, 2003.

[44] Mattias Lindqvist, Jonas Lundin. Spare Part Logistics and Optimization for Wind Turbines-Methods for Cost-Effective Supply and Storage [EB/OL]. http://uu. diva-portal. org/ smash/ record. jsf ? pid = diva2:311304, 2010 – 04 – 21/2010 – 04 – 21.

[45] Yung-Hsiang Cheng, Ann Shawing Yang, Hou-lei Tsao. Study on rolling stock maintenance strategy and spares parts management[EB/OL]. http:// www. railway-research. org/ IMG/ pdf/696. pdf, 2006 – 10 – 05/2006 – 11 – 20.

[46] 张涛, 郭波, 谭跃进. 面向任务的维修资源配置决策支持系统研究[J]. 兵工学报, 2005, 26(5): 716 – 720.

[47] 李晓宇, 王新阁, 方子立. 面向任务的装备维修保障资源优化配置[J]. 国防科技, 2011, (3): 48 – 52.

［48］ 贾治宇，王立超，王乃超，等.基于停机时间的复杂系统维修资源配置模型［J］.计算机集成制造系统，2010，16(10)：2211 –2216.

［49］ 马书刚，杨建华，王小平.不确定环境下服务资源配制优化［J］.数学的实践与认识，2012，42(16)：41 –49.

［50］ GJB 4355—2002.备件供应规划要求［S］.中国人民解放军总装备部，2003.

第5章　预防性维修策略研究

　　装备预防性维修可以有效地减少故障发生率,避免因故障带来的巨大损失,对维系部队正常训练工作具有重要的意义。本章对装备中关键单部件的预防性维修问题进行了分析,以单部件劣化过程的状态转移概率为基础,提出了常规检查间隔和预防性维修状态的计算方法,以单位时间内平均总维修费用最小化为目标,建立了基于状态的预防性维修策略优化模型,并提出了该模型的求解方法。实验结果表明:使用本方法可以快速确定部件在不同状态下的检查时间间隔和预防性维修状态,有效地降低了单位时间内平均总维修费用。

5.1　绪　　言

　　在装备维修保养过程中,一般需要对装备进行预防性维修。预防性维修有定时维修和视情维修两种形式。定时维修相对比较简单,存在维修过剩或维修不足问题。根据装备携行状态进行维修,就可以有效地利用维修资源,提高装备维修保障能力。文献[1]对视情维修决策问题进行了研究,预防性维修阈值由厂家给定,维修策略只能用数值方法求解。文献[2]和文献[3]研究了检查时间间隔,把装备从初始投入使用的良好状态到预防性维修状态或者故障后修复性维修状态作为一个更换期[2],文献[3]研究了装备经过维修恢复到故障前状态时检查时间点的求解方法;文献[4]研究了固定检查时间间隔的预防性维修策略优化问题;文献[5]研究了预防性维修周期的确定方法,没有给出预防性维修周期成本函数;文献[6]对一定的可靠度要求下的预防性维修问题进行了研究,建立了有限时间区间的维修策略优化模型。一些装备中存在一些贵重部件,使用过程中科学、合理地组织检查、预防性维修和故障后的修复性维修,可以有效地减少维修经费,提高装备

110

使用效益。

对此,分析了单部件维修过程的特点,从维修成本的角度出发,把装备中贵重部件的故障事件看成是逐步劣化的结果,即不考虑其他原因突然引发的故障,以单部件劣化过程的状态转移概率为基础,提出了常规检查间隔和预防性维修状态的计算方法,以最小化单部件投入使用开始到故障发生所需维修费用的均值为目标,建立了基于状态的预防性维修策略优化模型,并提出了模型的求解方法。实验结果表明:使用本方法可以快速确定部件在不同状态下的检查时间间隔和预防性维修状态,有效地降低了单位时间内平均总维修费用。

5.2　装备劣化过程数学模型

装备在使用过程中,其功能总是处于不断劣化过程中。为了更准确地分析装备的劣化过程,可以重点研究装备的关键部件,而不同关键部件在使用过程中劣化过程并不完全相同。为描述方便,假设一种关键部件在劣化过程中该部件的状态可用完好程度 $\xi(\xi \in [0, L] \cup (L, 1])$ 描述,其中 $L(0 < L < 1)$ 表示该部件功能失效的阈值。由于完好程度 ξ 是在 $[0, 1]$ 内连续变化的,把 $[0, 1]$ 分为 $m(m > 1)$ 个子区间:

$$S_m = [0, L],$$

$$S_i = \left[1 - \frac{1-L}{m-1} i, 1 - \frac{1-L}{m-1}(i-1) \right] \quad (i = 1, 2, \cdots, m-1)$$

$$(5.1)$$

显然,S_m 表示部件处于故障状态,而 S_i 满足

$$[0, 1] = \bigcup_{i=1}^{m} S_i$$

$$(5.2)$$

$$S_i \cap S_j = \phi \quad (i \neq j)$$

部件完好程度 ξ 处于子区间 S_i 内时,认为部件处于状态 S_i。由于部件劣化过程中总是从较好的状态向较差的状态转移,即这种劣化过程具有单向性。假设单位时间 Δt 内处于正常工作状态的部件从状态 i 转移到状态 j 的概率为 p_{ij},满足

$$p_{ij} \geqslant 0, \quad i \leqslant j \leqslant m$$

$$\sum_{j=i}^{m} p_{ij} = 1 \tag{5.3}$$

$$i = 1, 2, \cdots, m$$

如果给定部件劣化过程的概率分布,在状态 i 时转移到状态 j 的密度函数为 $f_{ij}(t)$,则 Δt 时间内部件从状态 i 转移到状态 j 的概率 p_{ij} 满足

$$p_{ij} = \int_0^{\Delta t} f_{ij}(t)\,dt = F_{ij}(\Delta t) \tag{5.4}$$

其中 $F(t)$ 为分布函数。

由式(5.3)、式(5.4)可知,单位时间 Δt 内部件的状态转移矩阵为

$$\boldsymbol{P} = \begin{pmatrix} p_{11} & p_{12} & \cdots & p_{1m} \\ 0 & p_{22} & \cdots & p_{2m} \\ \vdots & \vdots & \vdots & \vdots \\ 0 & 0 & \cdots & p_{mm} \end{pmatrix} \tag{5.5}$$

从而部件在 $k\Delta t$ ($k = 1, 2, \cdots$) 内部件的状态转移矩阵为

$$\boldsymbol{P}_k = \left(p_{ij}^{(k)} \right)_{m \times m} = \boldsymbol{P}^k \tag{5.6}$$

5.3 视情预防性维修策略优化方法

检查、预防性维修与故障后修复性维修是维系装备正常使用的维修活动。检查、预防性维修的次数越多,需要投入的维修经费、占用的维修人员和相关资源等。因此,在维修活动组织管理中,需要制定预防性维修策略,使得装备充分发挥效益而相应维修成本最小化。

为描述方便,假设一次检查的费用为 c_c,一次预防性维修的费用为 c_p,一次修复性维修的费用为 c_r。假设预防性维修后部件能恢复到最佳状态 S_1,修复性维修后部件也能恢复到最佳状态 S_1。在此前提下,部件购买后,经过维修保养,可以一直使用。为了计算部件从初始完好状态 S_1 开始,到故障后修复性维修为止,部件检查的平均次数和预防

性维修的平均次数,以及从初始时刻开始到故障后修复性维修为止的平均时间间隔,先对部件在使用、维修过程中的状态转移过程(如图5.3.1 所示)进行分析。

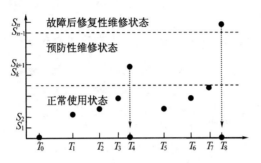

图 5.3.1　部件使用维修状态转移过程图

5.3.1　故障前部件平均使用时间、检查次数与视情预防性维修次数

当目标处于状态 S_i 时,经过 kt_i 时间后直接从状态 S_i 转移到状态 S_j 的概率为

$$p_{ij}(kt_i) = p_{ii}^{k-1}(t_i)p_{ij}(t_i), \quad j = i, \cdots, m \tag{5.7}$$

从而直接从状态 S_i 转移到状态 S_j 的概率、平均检查次数参数和平均时间参数分别为

$$q_{ij} = \sum_{k=1}^{\infty} p_{ij}(kt_i) = \frac{p_{ij}(t_i)}{1 - p_{ii}(t_i)} \tag{5.8}$$

$$n_{ij} = \sum_{k=1}^{\infty} kp_{ij}(kt_i) = \frac{p_{ij}(t_i)}{(1 - p_{ii}(t_i))^2} \tag{5.9}$$

$$t_{ij} = \sum_{k=1}^{\infty} kt_i p_{ij}(kt_i) = \frac{p_{ij}(t_i)t_i}{(1 - p_{ii}(t_i))^2} \tag{5.10}$$

其中 $j = i+1, \cdots, m$。因此,不经过预防性维修和修复性维修时状态 S_i 转移到状态 S_j 的概率 r_{ij}、平均检查次数参数 N_{ij} 和平均时间参数 T_{ij} 的

计算公式分别为

$$r_{ij} = q_{ij} + \sum_{k=i+1}^{\min\{j-1,m-2\}} q_{ik}r_{kj} \tag{5.11}$$

$$N_{ij} = n_{ij} + \sum_{k=i+1}^{\min\{j-1,m-2\}} (N_{ik}r_{kj} + r_{ik}N_{kj}) \tag{5.12}$$

$$T_{ij} = t_{ij} + \sum_{k=i+1}^{\min\{j-1,m-2\}} (T_{ik}r_{kj} + r_{ik}T_{kj}) \tag{5.13}$$

其中 $j = i+1,\cdots,m$,而

$$r_{m-2m} = q_{m-2m}, r_{ii+1} = q_{ii+1} \tag{5.14}$$

$$N_{m-2m} = n_{m-2m}, N_{ii+1} = n_{ii+1} \tag{5.15}$$

$$T_{m-2m} = t_{m-2m}, T_{ii+1} = t_{ii+1} \tag{5.16}$$

式中:$i = 1,\cdots,m-2$。从而,部件从投入使用的良好状态 S_1 开始,转移到状态 S_m 的概率(经过预防性维修、不经过修复性维修)为

$$P(S_1, S_m) = \frac{r_{1m}}{1 - r_{1m-1}} = 1 \tag{5.17}$$

部件从投入使用的良好状态 S_1 开始,转移到状态 S_m 经历预防性维修次数的均值为

$$n_{\mathrm{p}}(S_1, S_m) = \sum_{i=1}^{+\infty} (i-1) r_{1m-1}^{i-1} r_{1m} = \frac{2 - r_{1m-1}}{1 - r_{1m-1}} \tag{5.18}$$

部件从投入使用的良好状态 S_1 开始,转移到状态 S_m 经历检查次数的均值为

$$n_{\mathrm{c}}(S_1, S_m) = \sum_{i=1}^{+\infty} (N_{1m} + (i-1)N_{1m-1}) r_{1m-1}^{i-1}$$

$$= \frac{N_{1m}}{1 - r_{1m-1}} + \frac{N_{1m-1}r_{1m-1}}{(1 - r_{1m-1})^2} \tag{5.19}$$

部件从投入使用的良好状态 S_1 开始,转移到状态 S_m 的平均时间为

$$T_{\mathrm{r}}(S_1, S_m) = \sum_{i=1}^{+\infty} (T_{1m} + (i-1)T_{1m-1}) r_{1m-1}^{i-1}$$

$$= \frac{T_{1m}}{1 - r_{1m-1}} + \frac{T_{1m-1}r_{1m-1}}{(1 - r_{1m-1})^2} \quad (5.20)$$

5.3.2 初始状态到故障性修复的平均维修费用

部件从完好的初始状态 S_1 到进行一次故障性修复所需平均维修总费用为

$$c_t = n_c(S_1, S_m)c_c + n_p(S_1, S_m)c_p + c_r \quad (5.21)$$

由于部件平均使用时间(从投入使用到故障性修复的平均时间)如式(5.20)所示。所以,部件从投入使用到故障性修复,单位时间内平均维修费用为

$$c_u(S_1, S_m) = \frac{c_t(S_1, S_m)}{T_r(S_1, S_m)} \quad (5.22)$$

部件从投入使用到故障性修复,单位时间内平均维修费用的计算步骤如下:

算法5.3.1 给定预防性维修状态和检查时间间隔,部件从投入使用到故障性修复,单位时间内平均维修费用的计算方法

步骤1 输入一步状态转移矩阵 $\boldsymbol{P}$。输入部件的全部状态数目 m,输入预防性维修状态 $S_i(i = i_p, i_p + 1, \cdots, m - 1)$,输入部件处于状态 $S_i(i = 1, 2, \cdots, i_p - 1)$ 时的检查时间间隔 t_i。

步骤2 按照式(5.6)计算状态转移概率 $p_{ij}(t_i)$。

步骤3 按照式(5.8)~式(5.10)计算部件直接从状态 S_i 转移到状态 S_j 的概率 q_{ij}、平均检查次数 n_{ij} 和部件平均使用时间 t_{ij}(不经过预防性维修和修复性维修)。

步骤4 按照式(5.11)~式(5.16)计算部件从状态 S_i 转移到状态 S_j 的概率 r_{ij}、平均检查次数 N_{ij} 和部件平均使用时间 T_{ij}(不经过预防性维修和修复性维修)。

步骤5 按照式(5.18)~式(5.20)计算部件从投入使用的良好状态 S_1 开始,转移到状态 S_m 经历预防性维修次数的均值 $n_p(S_1, S_m)$,经历检查次数的均值 $n_c(S_1, S_m)$ 以及部件平均使用时间 $T_r(S_1, S_m)$。

步骤6 按照式(5.21)、式(5.22)计算部件从投入使用到故障性修复,单位时间内平均维修费用 $c_u(S_1, S_m)$;输出结果,退出计算。

5.3.3　预防性维修策略优化

由于维修策略优化的目的是寻找最优的检查时间间隔和预防性维修时部件所处的状态,使得单位时间内平均维修费用最小。进行视情维修(基于部件状态的维修)时,维修策略优化的模型如下式(5.23):

$$\min c_u(S_1, S_m) = \frac{c_t(S_1, S_m)}{T_r(S_1, S_m)} \tag{5.23}$$

$$\text{s. t.} \quad 2 \leqslant i_p \leqslant m - 1$$
$$t_i \geqslant \Delta t (i = 1, \cdots, i_p - 1) \tag{5.24}$$

模型求解步骤如下:

算法 5.3.2　视情维修策略优化模型求解方法

步骤1　输入部件故障时部件状态阈值 L;确定部件、寿命的概率密度函数 $f(t)$。令 $c_b \leftarrow -1$。

步骤2　输入部件状态数目 m;按照式(5.1)、式(5.2)确定部件各种状态下状态值的变化范围 $S_i (i = 1, 2, \cdots, m)$。输入一步状态转移矩阵 $\boldsymbol{P}$。

步骤3　根据式(5.25)、式(5.26),计算部件按照故障后修复的方式组织维修所需的平均费用、部件平均使用时间:

$$T_r(S_1, S_m) = p_{1m}\Delta t + \sum_{i=2}^{+\infty} i(p_{1m}^{(i)} - p_{1m}^{(i-1)})\Delta t \tag{5.25}$$

$$c_t(S_1, S_m) = c_r \tag{5.26}$$

令 $c_b \leftarrow c_r / T_r(S_1, S_m)$,相应预防性维修策略为"故障后修复"。

步骤4　令 $i_p \leftarrow 1$。

步骤5　$i_p \leftarrow i_p + 1$。如果 $i_p > m - 1$,则输出结果,退出计算。

步骤6　令 $t_1 = \cdots = t_{i_p - 1} = \Delta t$。

步骤7　利用算法5.3.1,计算这时单位时间内平均维修费 c_u。如果 $c_b > c_u$,则 $c_b \leftarrow c_u$,并更新预防性维修策略。

步骤8　改变检查时间间隔 t_i,返回步骤7(直到单位时间内平均维修费用不再下降为止)。

步骤 9 返回步骤 5。

例 5.3.1 某型装备上配置了贵重部件 A,根据部件 A 的使用历史情况获悉单位时间 $\Delta t = 1$(月)内部件状态转移概率矩阵为 P,故障状态的临界值 $L = 0.7$。对部件 A 进行一次日常检查、预防性维修以及故障后修复性维修的经费分别为 $c_{c} = 100$ 元、$c_{p} = 10000$ 元、$c_{r} = 200000$ 元。确定部件 A 的预防性维修策略以及该策略对应的单位时间内维修费用均值。

$$P = \begin{pmatrix} 0.20 & 0.16 & 0.13 & 0.11 & 0.08 & 0.07 & 0.06 & 0.05 & 0.04 & 0.03 & 0.02 & 0.05 \\ 0 & 0.20 & 0.16 & 0.13 & 0.11 & 0.08 & 0.07 & 0.06 & 0.05 & 0.04 & 0.04 & 0.06 \\ 0 & 0 & 0.20 & 0.16 & 0.13 & 0.11 & 0.09 & 0.08 & 0.06 & 0.05 & 0.05 & 0.07 \\ 0 & 0 & 0 & 0.20 & 0.16 & 0.14 & 0.12 & 0.09 & 0.08 & 0.07 & 0.06 & 0.08 \\ 0 & 0 & 0 & 0 & 0.20 & 0.17 & 0.14 & 0.13 & 0.11 & 0.09 & 0.07 & 0.09 \\ 0 & 0 & 0 & 0 & 0 & 0.20 & 0.18 & 0.16 & 0.14 & 0.12 & 0.10 & 0.10 \\ 0 & 0 & 0 & 0 & 0 & 0 & 0.21 & 0.19 & 0.17 & 0.16 & 0.14 & 0.13 \\ 0 & 0 & 0 & 0 & 0 & 0 & 0 & 0.23 & 0.21 & 0.20 & 0.19 & 0.17 \\ 0 & 0 & 0 & 0 & 0 & 0 & 0 & 0 & 0.28 & 0.25 & 0.24 & 0.23 \\ 0 & 0 & 0 & 0 & 0 & 0 & 0 & 0 & 0 & 0.36 & 0.33 & 0.31 \\ 0 & 0 & 0 & 0 & 0 & 0 & 0 & 0 & 0 & 0 & 0.53 & 0.47 \\ 0 & 0 & 0 & 0 & 0 & 0 & 0 & 0 & 0 & 0 & 0 & 1.00 \end{pmatrix}$$

解: 根据题意可知:部件共有 $m = 12$ 种状态,S_{12} 为故障状态。按照算法 5.3.1,先给定相关参数值,计算 $n_{p}(S_{1}, S_{m})$、$n_{c}(S_{1}, S_{m})$ 以及 $T_{r}(S_{1}, S_{m})$,最终得到 $c_{u}(S_{1}, S_{m})$。表 5.3.1 列出了不同参数值对应的结果。

当预防性维修状态为 $S_{2}, \cdots, S_{11}$、检查时间间隔为 1 月时,平均费用为 1409.7 元/月。从表 5.3.1 的计算结果可以看出:

(1)采用模型(5.23)可以有效地降低维修费用。

(2)预防性维修状态数目和检查时间间隔对维修费用有影响,并且这种影响具有一定的规律性。在本例中,当相同的部件状态下检查时间间隔相同时,预防性维修状态数目越多,维修费用越大;预防性维修状态相同时,检查时间间隔越短,维修费用越小。

表5.3.1 不同参数对应的结果

预防性维修状态	检查时间间隔	n_p/次	n_c/次	t_r/月	c_u/(元/月)
$S_3, \cdots, S_{11}$	5, 3	2.6361	1.4131	7.0304	3.2218×10^4
$S_3, \cdots, S_{11}$	5, 2	2.6367	1.4132	7.0320	3.2211×10^4
$S_3, \cdots, S_{11}$	5, 1	2.6370	1.4136	7.0330	3.2207×10^4
$S_3, \cdots, S_{11}$	4, 3	3.1882	2.4664	9.7011	2.3928×10^4
$S_3, \cdots, S_{11}$	4, 2	3.1920	2.4773	9.7258	2.3871×10^4
$S_3, \cdots, S_{11}$	4, 1	3.1946	2.4874	9.7403	2.3839×10^4
$S_3, \cdots, S_{11}$	3, 3	4.3516	6.9556	20.1210	1.2137×10^4
$S_3, \cdots, S_{11}$	3, 2	4.3851	7.1704	20.5195	1.1919×10^4
$S_3, \cdots, S_{11}$	3, 1	4.4087	7.3531	20.7603	1.1793×10^4
$S_3, \cdots, S_{11}$	2, 2	7.0965	31.7871	59.8856	4.5778×10^3
$S_3, \cdots, S_{11}$	2, 1	7.3703	35.9907	64.8431	4.2765×10^3
$S_3, \cdots, S_{11}$	1, 1	13.9032	214.1181	214.1181	1.6834×10^3
$S_2, \cdots, S_{11}$	5	2.6373	1.4066	7.0329	3.2208×10^4
$S_2, \cdots, S_{11}$	4	3.1964	2.4354	9.7414	2.3837×10^4
$S_2, \cdots, S_{11}$	3	4.4257	6.9394	20.8182	1.1766×10^4
$S_2, \cdots, S_{11}$	2	7.5798	33.4737	66.9473	4.1696×10^3
$S_2, \cdots, S_{11}$	1	17	282.5	282.5	1409.7

5.4 小　结

装备维修过程是一个复杂的过程。对于关键的贵重部件,总希望尽量延长它的使用寿命,通过费用较小的日常检查和费用相对较小的预防性维修,把故障消灭于萌芽状态,减少故障的发生频率。把部件劣化过程看成多个离散的状态不断变更的过程,以单位时间平均维修费用最小化为目标,给出了预防性维修策略优化的方法,实验结果表明,本方法可以有效地降低维修费用。

由于厂家只能提供理想情况下装备变化情况的数据,需要进一步研究的问题是根据装备使用的实际情况确定状态转移概率[7,8]。当维修工作较多时,对维修任务进行调度可有效提高维修效益[9,10]。

参 考 文 献

[1] 梁剑. 基于成本优化的民用航空发动机视情维修决策研究[D]. 南京:南京航空航天大学研究生院, 2004.

[2] 顾磊, 钱正芳, 范英, 等. 舰船装备视情维修间隔模型研究[J]. 华中科技大学学报, 2003, 31(6): 103 – 105.

[3] Coffman E G Jr, Gilbert E N. Optimal strategies for scheduling checkingpoints and preventive maintenance [J]. IEEE transaction on realiability, 1990, 39(1): 9 – 18.

[4] Suprasad V A, Leland M. Optimal Design of a Condition-Based Maintenance Model [J]. IEEE transaction on RAMS, 2004, 528 – 533.

[5] 韩帮军, 范秀敏, 马登哲, 等. 用遗传算法优化制造设备的预防性维修周期模型[J]. 计算机集成制造系统, 2003, 9(3): 122 – 125.

[6] 韩帮军, 范秀敏, 马登哲. 基于可靠度约束的预防性维修策略的优化研究[J]. 机械工程学报, 2003, 39(6): 102 – 105.

[7] ROGER C. Maintenance scheduling for mechanical equipment [EB/OL]. [2006 – 10 – 10]. http://www.usbr.gov/power/data/fist/fist4_1a/4 – 1a.pdf.

[8] ROGER C. Maintenance scheduling for mechanical equipment [EB/OL]. [2006 – 10 – 10]. http://www.usbr.gov/power/data/fist/fist4_1a/4 – 1b.pdf.

[9] PETRA S. Approximating schedules [D]. Eindhoven, Netherlands: Eindhoven Univer – sity of Technology, 2001.

[10] DANIEL F, RIAN D. Maintenance scheduling problems as benchmarks for constraint algorithms [EB/OL]. [2006 – 10 – 10]. http://www.ics.uci.edu/~ csp/r70b – maintscheduling.pdf.

第6章 维修任务调度方法

6.1 绪 言

在战争时期,武器装备随时都可能发生故障,这就需要尽快修复武器装备。怎样利用有限的维修资源最大限度地完成维修任务,并尽快地修复故障装备,是一个非常重要的问题。对于一般的维修调度管理工作[1],主要是采用人工调度方法完成调度工作。文献[2 – 5]研究了一般的加工调度问题进行了研究,文献[6,7]介绍了平时机械与电子设备的预防性维修(Preventive Maintenance)和预言性维修(Predictive Maintenance)方案。文献[8 – 10]对预防性维修进行了研究。从查阅的文献来看,对战时紧急情况下的维修任务调度问题的研究工作较少。战时作战情况复杂多变,武器装备故障率大大升高,维修任务十分繁重,维修机构的维修小组数量较多,在作战过程中武器装备需要配套使用才能产生战斗力,这些因素使得战争时期维修任务调度工作更加复杂、影响更大。战场上时间就是胜利,如何实现快速、有效地进行维修任务调度,对增加部队有效作战时间、提高部队的战斗力具有重要意义。

装备维修作业组织实施方法主要有三种方式:

(1)小组包修法。采用这种方法组织装备维修时,故障装备的全部维修工作,都由某一个维修小组的修理人员完成。这种组织方法的优点是组织实施简单,故障装备互不影响;缺点是劳动生产率低,一台故障装备在维修机构逗留时间长,要求修理工技术全面,维修质量难以保证,维修设备无专人管理,容易损坏、丢失。

120

（2）小组部件修理法。把装备的修理工作,分别由若干小组在不同专业岗位上完成。它的优点是:定位作业,占地面积小。设备利用率比小组包修法好,劳动生产率与维修质量也相应高一些。

（3）流水作业法。装备维修工作在间歇移动的流水线上由各工位完成。这种修理作业组织方法的优点是专业化程度高,总成、部件和组件的运输距离短,工效高;缺点是设备投资大,占地面积大。

本章根据装备维修作业组织实施的方法,把维修任务调度问题可以分为五个不同的问题:

（1）考虑资源和负载的装备维修任务分配问题。维修保障资源有限的情况下,维修任务分配前根据各项维修任务的资源需求选择维修任务,并依据各维修机构的负荷情况选择执行维修任务的维修机构,最后实现维修任务的分配。

（2）基于最大维修保障时间的维修任务调度问题。作战任务的完成需要武器装备处于可用状态,这就要求维修任务必须在一定的维修保障时间窗口内完成,达到故障装备尽可能多地在作战任务完成前修复并投入使用。

（3）不考虑维修专业的维修任务调度问题。即认为任一个维修小组可完成任何维修任务,并把维修过程看成一个整体。

（4）考虑维修专业的维修任务调度问题。即认为任一个维修小组只能完成相关专业领域的维修任务,并把维修过程看成一个整体。

（5）考虑维修业务流程的维修任务调度问题。这类问题不仅考虑维修任务所属专业领域,还考虑维修业务流程,即把维修过程看成一件产品的生产过程,由多道工序组成。

本章对这些问题进行了研究,提出了近实时维修任务调度方法,以提高作战部队有效作战时间为目标,利用收集的故障装备维修信息、维修小组工作进展状况,以计算机为工具,实时调度维修任务。使用这种方法进行维修调度时,只需要实时输入相关数据,在计算机上可得到自动生成的调度方案。实验结果表明,调度方案生成时间很短,可以满足战时维修任务调度需求。

6.2 考虑资源和负载的装备维修任务分配方法研究

在一个作战区域,战时修理厂或修理所(营)等维修机构不仅仅保障一个作战单元的故障装备,经常需要保障多个参战作战单元的故障装备,各维修机构必须密切配合,协调一致才能完成装备维修保障任务。因此,构建战时维修任务分配模型,通过科学计算,在短时间内给出最优方案,可辅助装备保障指挥机关进行任务调度,实现对维修保障资源的优化使用,大大提高维修效益。

把作战单元故障装备当成一个整体,研究面向作战任务的装备维修任务分配方法是以前少有研究的,而这方面的研究是作战指挥部门所关心的决策指标。下面以作战区域中多个维修机构保障多个作战单元为研究对象,对多个参战作战单元多种专业的维修任务分配问题进行了分析,给出多作战单元维修任务分配问题模型和分配方法。

战斗中如果大量装备发生故障,且故障装备数远远大于维修机构的数量,现行任务分配方法普遍是指挥员根据现场局部情况指派维修机构或按先发生故障先维修的顺序安排维修,当全部的维修资源被故障装备占用,后面发生故障的装备需等待前面的故障装备修复后,腾出维修资源来进行后面装备的维修,如果后面发生的故障装备是作战单元急需的装备,就暂时停下正在做的维修工作,优先维修作战急用的装备。装备的复杂性及多专业性一方面决定了需要特定的资源来从事维修工作,另一方面大部分故障都不可能在短时间内修复,因此,故障装备的维修时间和等待时间都会造成很大的战斗损失。同时装备维修包含各种动态因素,某一时间里每台装备都与装备的重要性和影响维修的这些动态因素密切相关。针对上述情况,如果综合考虑影响维修的多种动态因素,通过数学模型制定计划指导性的建议,再加上实际的经验进行调整后得到的维修分配方案,将会使维修计划更加具有全局性、实用性,有助于尽可能地降低装备故障造成的战斗损失。

针对在某一时间段有多个作战单元多台装备发生故障需要维修，而有限的维修机构资源不能满足全部故障装备同时维修需求的情况，需要研究相应的装备维修任务分配方法。

任务不受优先关系的约束而相互作用，这类任务的调度问题称为任务分配，任务分配问题不强调任务在系统上的执行次序，是一种简化的调度问题[11]。在作战区域中，要想恢复一个或多个作战单元的战斗力，一个或多个作战单元的故障装备（即维修任务）必须按照一定分配机制先分配到一个或多个维修机构上，以充分利用维修保障系统资源。

在任务分配到维修机构的过程中，故障装备受维修时间、维修成本、维修质量、维修环境等多种因素的影响，因此根据不同的训练或作战的需要可考虑多种目标。战时，由于修复时间是首要因素，争取时间就是争得战争的胜利，因此战时维修的时效性是分配任务的主要目标之一，它要求装备保障机关在最短时间内根据装备损伤情况、地点、科学地指派维修任务，达到在最短时间内最大程度恢复装备战斗力的目标。

维修任务分配流程如图 6.2.1 所示。在每个时间段，作战区域中多个作战单元的多台装备发生故障，这些故障装备的信息被反馈到装

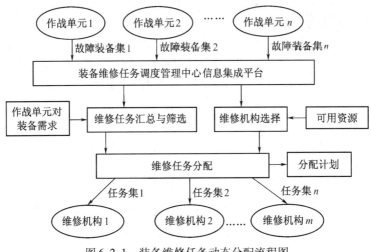

图 6.2.1　装备维修任务动态分配流程图

备维修任务调度管理中心,装备维修任务调度管理中心按照作战计划和装备损伤等情况,对维修任务进行汇总与筛选,得到作战单元对故障装备的需求,考虑各维修机构的负载能力得到可用分配资源,然后综合维修环境及维修资源情况等因素,制订维修任务分配计划,并将计划下发到维修机构。

6.2.1 多作战单元维修任务分配问题

为了定义一个调度问题,应该描述三个方面的内容[12]: ① 任务模型,用 DAG(Directed Acyclic Graph)图或数学描述所执行任务的所有特征。② 资源模型,用图或数学描述在系统中所有资源的特征。③ 通过调度算法优化目标。因此,对一个作战区域内 m 个维修机构对 n 个作战单元故障装备实施保障的装备维修任务分配问题,可通过维修任务模型,维修机构模型和目标函数来描述[13]。

1. 维修任务模型 $\boldsymbol{\Gamma}$

维修任务模型主要考虑任务、任务之间的关系和任务所需资源。

1)任务

作战单元集 $A = \{A_1, A_2, \cdots, A_n\}$ 是作战区域内需保障的一组作战单元,n 是作战单元的个数。装备维修任务最终是落实到维修机构与维修任务的具体分配上,可建立作战单元集($A = \{A_i \mid i = 1, 2, \cdots, n\}$)与作战单元装备间的关联矩阵。第 i 个作战单元维修任务数学模型可用矩阵 $\boldsymbol{A}_i = (a_{ijk})_{l \times s}$ 来描述,l 表示该作战单元涉及的专业数,s 表示其拥有的装备数。矩阵第 j 行表示与第 j 类专业相关的维修任务;第 k 列表示针对第 k 个装备的维修数。$\boldsymbol{A}_i$ 作战单元维修任务由下列矩阵描述:

$$\boldsymbol{A}_i = \begin{bmatrix} a_{i11} & a_{i12} & \cdots & a_{i1s} \\ a_{i21} & a_{i22} & \cdots & a_{i2s} \\ \vdots & \vdots & & \vdots \\ a_{il1} & a_{il2} & \cdots & a_{ils} \end{bmatrix} \quad (1 \leqslant i \leqslant n) \quad (6.1)$$

式中:a_{ijk} 表示作战单元 i 中第 j 类专业中装备 k 的完好情况,如果作战单元 i 的 j 类专业装备 k 需要修理,则令此值为 1,否则为 0。分析关联矩阵 $\boldsymbol{A}_i$ 可以得出这样一些结论:矩阵 $\boldsymbol{A}_i$ 的行向量确定同专业装备的损伤情况，矩阵 A_i 的列向量确定某装备的损伤情况。

2) 任务之间的关系

$<$（或$>$）是任务上的一个偏序关系，用来说明任务之间的优先约束关系。作战单元之间存在关系，如果 $A_i < A_j$，则考虑作战单元的优先级，意味着 A_j 的作战任务比 A_i 的作战任务重要，优先保障 A_j 的故障装备。同样同一作战单元的装备之间也存在偏序关系，$a_i < a_j$ 意味着故障装备 a_j 必须在 a_i 之前开始执行维修。

3) 任务在资源上的主要消耗

任务在资源 k 的维修时间矩阵 $T = \{t_{ijk} \mid 1 < i < n, 1 < j < s_i, 1 < k < m, t_{ijk}$ 为第 i 个作战单元的第 j 个故障装备在维修机构 k 的维修时间$\}$。

任务在资源 k 的成本矩阵 $C = \{c_{ijk} \mid 1 < i < n, 1 < j < s_i, 1 < k < m, c_{ijk}$ 为第 i 个作战单元的第 j 个故障装备在维修机构 k 的维修成本$\}$。

任务在资源 k 的质量矩阵 $Q = \{q_{ijk} \mid 1 < i < n, 1 < j < s_i, 1 < k < m, q_{ijk}$ 为第 i 个作战单元的第 j 个故障装备在维修机构 k 的维修质量$\}$。

2. 维修机构模型 P

$P = \{p_1, p_2, \cdots, p_m\}$ 是作战区域中有效的一组维修机构。假设 p_i 与 p_j 没有联系，相互独立。也就是假设在所有的任务完成之前任务模型和维修机构模型没有改变，称为静态分配，反之称为动态分配。

3. 目标函数

$Z = T\_T$。这里 T_T 为所有作战单元故障装备的维修时间和。因为战时装备维修任务分配问题考虑的主要目标是所有作战单元故障装备的维修时间和最小，所以不必指出维修任务的执行次序。因此，维修任务分配问题可以这样描述：

给出一个维修任务模型 Γ 和维修机构模型 P，维修任务分配方案 S 就把作战单元的每个故障装备分配给一个维修机构，使得目标函数 $Z = T\_T$ 最小。

维修任务分配是一个复杂的问题，需要综合考虑多种因素，通过分析，可以将这些因素归纳为两大类。

一类涉及到作战单元及故障装备的属性和状态，即作战单元作战任务的需求及故障装备本身的维修需求。作战任务是武装力量在作战中所要达到的目标及承担的责任,它是确定的作战单元、组织或实体在某一作战阶段的有明确目的的行为过程[14]。作战任务的重要性和任务执行时间常会不相同。因此,一方面作战任务的主次之分,决定了故障装备的维修优先序;另一方面根据作战任务执行时间的特点,可将作战任务分三类[15]:

(1)确定执行时间的作战任务,该任务的执行时间是确定的常数。这种情况下,对故障装备进行维修时需要考虑维修时间裕度或最大维修保障时间。

(2)随机执行时间且无最大执行时间限制的任务,该任务的执行时间服从某一概率分布。这种情况下,对故障装备进行维修时需要考虑尽快修好,可尽早恢复战斗力。

(3)随机执行时间且有最大执行时间限制的任务,该任务的执行时间服从某一概率分布且任务必须在规定最大执行时间内完成。

故障装备本身的维修属性包括装备的类型、数量、损耗等级、维修时限、重要性、目前的位置、执行任务的位置等。

影响任务分配的另一个重要因素就是维修机构的属性与当前状态,包括维修机构的位置、维修能力、工作负荷和状态等。

由于作战单元中武器装备种类多,专业多,机电设备各不相同而又限于维修保障力量的设施设备资源不一,维修能力各不相同。因此,在进行任务分配过程中,决策人员需要了解作战单元及其故障装备情况和保障单位基本情况,要合理分配维修任务是比较困难的。

为了解决实际应用的主要需求,对问题进行了简化,采用以下假设:

(1)分配前维修机构资源已配置好;

(2)装备故障能及时诊断评估;

(3)维修任务被安排就能修好;

(4)一项维修任务不能在两个维修机构维修;

(5)维修任务往返运输时间和维修等待时间都计入维修时间内。

根据(5)中的假设,由于不同方向维修机构对维修任务的维修能力一般会不同。故在后面的分配模型中考虑不同维修机构对维修任务的维修时间存在差异,是符合实际的。

6.2.2　已有维修任务分配算法分析

一般任务分配问题(指派问题)是指 n 项不同的工作或任务,需要 n 个人去完成(假设每个人所有任务都能做,必须要完成一项任务)。由于每个人的知识、能力、经验等不同,故各人完成不同任务所需的时间(或其他资源)不同,问应该指派哪个人完成何项工作,可使完成 n 项工作所消耗的总时间(或其他资源)最小。它是一类特殊的整数规划问题,又是特殊的 $0-1$ 规划问题和特殊的运输问题,因此分配问题可以使用枚举法、单纯形法、分支定界法、割平面法等多种方法求解。但这些方法都没有充分利用指派问题的特殊性质,有效地减少其计算量,1955 年,库恩提出了指派问题的匈牙利解法。

合理的维修任务分配方法可以提高资源的利用率,缩短维修时间。众多的研究者也都是以一般任务指派模型为基础,分析 n 项维修任务, m 个维修机构(小组)完成,考虑 $n<m,n=m,n>m$ 三种情况,建立了战时维修任务指派模型[16,17]。当 $n<m$,维修机构大于任务数量时,虚设 $(m-n)$ 项任务,构成一个 $m×m$ 的效率矩阵;当 $n>m$,维修机构小于任务数量时,虚设 $(n-m)$ 个维修机构,构成一个 $n×n$ 的效率矩阵,这样都可构造成适合传统匈牙利算法要求的扩展效益矩阵去求解。近年来,许多新兴算法如遗传算法、禁忌搜索算法、神经网络算法等逐步受到重视,田舢[18]和彭勇[19]等人使用遗传算法对维修分配问题进行了研究,处理大规模问题得到了较好的效果,但只考虑多个无联系装备的抢修问题,资源能力的约束也未涉及,与实际的抢修问题存在较大差距。因此这些研究存在下列不足[20]:

(1)约束条件过于简单。典型的任务指派问题考虑的都是人这个资源,而实际上装备在维修中受到多种维修资源的约束。维修任务除了维修时间外还有交工期、优先级、维修费用、损伤等级、相容性等其他约束条件的限制,因此研究只考虑了局部信息,没有从全局角度进行优化。

(2)评价指标过于单一,只是单纯地使维修时间最短,或笼统地定为完成所有任务的代价最少。

(3)没有突出装备维修任务分配的特点。

在一个作战区域中或在要求协同保障时,一般多个维修机构经常要保障多个作战单元的故障装备。然而,目前的研究没有把作战单元故障装备当成一个整体,考虑多个维修机构保障多个作战单元多种专业的维修任务分配算法。装备维修任务分配问题与一般的任务分配问题不同,基于战时装备维修任务时间紧迫性和所需维修资源的有限性特点,问题中并不限定每个维修机构都必须分配任务,也不限定一个维修机构仅分配一项任务;同一作战单元的某些维修任务间又存在紧密或特殊关联(同一型号的装备具有关联性),为了减少维修机构之间的协调与交互以及测试方便,需要由同一维修机构来完成;同时分配时需要考虑维修机构的维修能力等因素,因此已有的任务分配算法难以解决此类特殊问题。在此,面向作战任务对多作战单元装备维修任务分配问题进行探讨研究。由于维修任务源源不断的到来,分配时多个维修机构的保障能力不同且有限,需要考虑维修机构负载的均衡;同时维修任务量往往会超出所有维修机构的保障能力,也就是说,有的维修任务无法安排,需要优先保障重点任务。因此,任务分配决策前首先应该对维修任务和维修机构两个方面做出选择。

6.2.3　基于资源约束的维修任务选择模型

装备维修是满足作战使用需求的,作战任务是由上级指挥机关下达,作战任务的重要性决定了维修任务的维修优先序。根据战时实际情况,维修任务的维修优先序可分三种情况考虑:

第一种情况,作战单元故障装备的维修是强制性要求。也就是说,作战单元的重要性根据战况来确定,可以比较。例如:必须优先确保作战单元 A_1 故障装备的维修,其次保障作战单元 A_2 的维修,优先序为 $A_1 > A_2 > A_3 > \cdots > A_n$。

第二种情况,无强制性要求,故障装备维修的优先序采用定量描述方法确定。

第三种情况,对某些作战单元故障装备而言,是强制性要求,而对其他作战单元的故障装备无强制性要求需通过量化确定。例如在确保 A_i 作战单元故障装备能够维修的情况下,可按第二种情况定量计算故障装备产生的任务效益,按任务效益的高低安排其他作战单元故障装备进行维修,这时顺序为 $A_i > A_1 > A_2 > \cdots > A_n$。

对无强制性维修任务综合考虑故障装备损伤情况、所需维修时间和完成维修任务的时间裕度等多种因素,以维修效益总值最大为目标,以多种维修资源数目量为约束建立维修任务选择模型。

战伤评估是指对装备战伤的程度、修理的时间和资源、要完成的修理工作、修理以后的作战能力做出的评估,是战伤修理的前提和必要条件。在对维修任务进行选择修理前,首先应对作战单元故障装备进行损伤评估,确定维修任务所需资源、所需维修时间等。

1. 维修任务的时间裕度确定[21]

为了定量描述任务维修时间裕度,设 t_{sij} 为作战单元 i 故障装备 j 的预期恢复使用时间,等于装备恢复使用时间均值;t_{lij} 为作战单元 i 维修任务 j 所需维修时间长度;t_c 为目前时间;t_{fi} 为作战单元 i 作战任务的预期完成时间,等于作战单元战斗时间均值加上开始时间;t_{pi} 为作战单元 i 战斗完成所需的时间长度,等于战斗时间均值。作战单元 i 故障装备 j 的维修时间裕度为

$$t_{aij} = t_{sij} - t_{lij} - t_c \qquad (6.2)$$

若 $t_{aij} \geqslant 0$ 表明作战单元 i 故障装备 j 在维修时间上存在提前量,可以考虑修复;$t_{aij} < 0$ 为负,表明作战单元 i 故障装备 j 在维修时间上已滞后作战任务,可以考虑暂时不修复。

2. 维修仟务对作战任务的影响度

作战单元 i 的故障装备 j 对作战任务的影响度为

$$F_{ij} = \frac{\beta \cdot \mu \cdot \varphi \cdot (t_{fi} - t_{sij})}{t_{pi}} \qquad (6.3)$$

式中:μ 为故障装备 j 在作战任务中的重要度;φ 为维修任务 j 的损伤等级;β 为常数;作为调整因子,$(t_{fi} - t_{sij})/t_{pi}$ 反映作战单元 i 故障装备 j 在作战任务中的使用顺序,先使用的装备对作战的影响较大。

故障装备重要度可以理解为装备部件对作战系统各种功能的贡献程度。一般的作战系统具有多个功能,在不同的应用环境下所需的功能不同;相应装备部件的重要度也不同。例如,某武器系统作战单元具有短时储存、运输和发射等基本作战功能,在执行发射任务时,其

中具有短时储存和运输的装备部件重要度就大大降低。因此,将故障装备的重要度 μ 分为五级(极重要、重要、比较重要、一般、不必考虑),对应值分别为

$$\mu = \{\mu_1, \mu_2, \cdots, \mu_5\} = \{1.0, 0.75, 0.5, 0.25, 0\}$$

故障装备的损伤等级分为{一级轻损,二级轻损,中损,一级重损,二级重损}(报废不修理,因此此不考虑),对应标准值为

$$\varphi = \{\varphi_1, \varphi_2, \varphi_3, \varphi_4, \varphi_5\} = \{0.2, 0.4, 0.6, 0.8, 1\}$$

故障装备 j 的重要度和损伤等级都由专家进行分级评定。

分级评估中均值与方差的计算公式为

$$Y = \frac{1}{q} \sum_{i=1}^{N} a_i p_i \tag{6.4}$$

$$\sigma^2 = \frac{1}{q-1} \sum_{i=1}^{N} (a_i - Y)^2 p_i \tag{6.5}$$

式中: N 为分级数目; a_i 为对应等级的标准值; p_i 为将分级评定为第 i 级的专家人数; q 为专家总数。

由于存在难以准确估计的维修影响因素, t_{fi}、t_{sij}、t_{pi} 可视为随机变量,一般采用三点时间估计法确定这些不确定性任务的完成时间[22]:

$$t = \frac{t_1 + 4t_3 + t_2}{6} \tag{6.6}$$

式中: t_1 为乐观时间; t_2 为最悲观时间; t_3 为最有可能时间。

显然,维修任务对作战任务的影响度与装备的重要度和损伤程度成正比,损伤程度较大的装备对作战任务影响也较大。

3. 作战单元 i 维修任务 j 的效益函数[23,24]

设

$$w_{ij} = \begin{cases} c_i k_i F_{ij} \Big/ \dfrac{t_{lij}}{t_{pi}} & (t_{aij} \geqslant 0) \\ 0 & (t_{aij} < 0) \end{cases} \tag{6.7}$$

式中：k_i 为调整因子；c_i 为作战单元 i 的重要度系数，根据作战任务缓急程度也分为五级（极重要、重要、比较重要、一般、不必考虑）。对应标准值为 $\{1.0, 0.75, 0.5, 0.25, 0\}$，由专家进行分级评定。$\dfrac{t_{lij}}{t_{pi}}$ 为装备维修时间占战斗时间的比例。显然比例越大，产生的任务效益越大，反映了在同等情况下维修时间短的故障装备优先修理。该函数反映了维修任务所产生的效益，在维修时间裕度内维修故障装备产生的效益大，在维修时间裕度外维修故障装备产生效益为 0。可见，维修任务按照任务效益从大到小排列顺序，排在前面的即为需要优先保障的任务。

4. 基于资源约束的维修任务选择

设 n 为故障装备数；m 为资源类型数；w_i 为故障装备 i 的任务效益；r_{it} 为故障装备 i 所需资源类型 t 的资源数目；R_t 为类型 t 的资源数目。以维修效益总值最大为目标，以资源数目量为约束条件，建立维修任务选择模型。目标函数为

$$\max \sum_{i=1}^{n} w_i x_i \tag{6.8}$$

$$s.t. \ \sum_{i=1}^{n} r_{it} x_i \leq R_t \tag{6.9}$$

$$x_i = 0, 1$$

算法 6.2.1 任务选择算法

步骤 1　设被选择中的任务集合为 Q，首先假设所有任务均属于 Q，即 Q 中元素个数 $k = n$。

步骤 2　对 Q 中所有任务按照式（6.7）计算其任务效益，确定维修优先序。

步骤 3　计算 b_t，如果 b_t 全为正，则 k 个任务的资源要求均能得到满足，可以都执行维修，算法结束。如果 b_t 中出现负值，将 Q 中使用 b_t 的任务记为 U'。

步骤4 将 Q' 中维修优先序最低的任务从 Q 中删除,令 $k = k - 1$,重复步骤2。

通过上述分析得到装备维修任务分配方法如下:

对于第一种情况,按照作战单元重要性高低依次选择作战单元故障装备进行维修,在确保作战单元 A_1 的故障装备能够维修完成的情况下,再选择作战单元 A_2 的故障装备维修,依次类推。如果某作战单元故障装备不能全部维修时,按照式(6.3)计算,选择对其作战任务影响大的故障装备优先维修。

对于第二种情况按照式(6.7)计算故障装备任务效益,按照算法6.2.1选择维修任务。

对于第三种情况在确保 A_i 作战单元故障装备能够维修完成的情况下,对其他作战单元故障装备计算其任务效益,按照算法6.2.1选择维修任务。

例6.2.1 某作战区域有多个维修机构保障2个作战单元的故障装备,现作战单元 A 有5台故障装备,作战单元 B 有6台故障装备,由于时间和维修资源的限制(资源种类 a,b,c 的总数分别为17,20,19),只能优先保障部分无强制性的维修任务,如何确定维修方案?假设各作战单元的有关参数、计算得到的任务效益(w_{ij})及故障装备所需的资源个数见表6.2.1和表6.2.2。

表6.2.1 作战单元 A 故障装备情况

($t_{fl} = 20$ $t_{pi} = 20$ $t_c = 0$ $c_1 = 0.8$ $k_1 = 1.0$ $\beta = 1.0$)

任务	μ	φ	t_{sij}	t_{lij}	F_{ij}	t_{aij}	w_{ij}	a	b	c
A1	1.0	0.8	5	5	0.6	0	1.9	2	3	1
A2	0.75	0.5	9	1	0.21	8	3.36	1	3	1
A3	0.25	0.2	10	2	0.025	8	0.2	3	3	3
A4	1.0	0.5	8	6	0.3	2	0.8	1	2	1
A5	0.75	0.8	12	8	0.24	4	0.48	2	2	1

表 6.2.2 作战单元 B 故障装备情况

($t_{fi} = 30$　$t_{pi} = 30$　$t_c = 0$　$c_2 = 1.0$　$k_2 = 1.0$　$\beta = 1.0$)

任务	μ	φ	t_{sij}	t_{lij}	F_{ij}	t_{aij}	w_{ij}	a	b	c
$B1$	1.0	1.0	15	1	0.5	14	15	4	1	2
$B2$	0.75	0.8	20	8	0.06	12	0.23	1	2	1
$B3$	0.25	0.5	8	8	0.09	0	0.03	2	1	1
$B4$	0	0.5	6	4	0	2	0	3	3	3
$B5$	0.75	0.8	12	1	0.36	11	10.8	2	3	2
$B6$	1.0	0.25	25	9	0.04	16	0.13	3	4	1

从表中计算得到的维修任务效益(w_{ij}),确定故障装备维修优先序有:

$B1 > B5 > A2 > A1 > A4 > A5 > B2 > A3 > B6 > B3 > B4$

受资源 a、b 总数的约束只能选择 $B1$、$B5$、$A2$、$A1$、$A4$、$A5$、$B2$、$A3$ 共 8 台装备进行优先维修。该方法优点表现在:考虑了整个战场环境下的故障装备情况和不确定因素影响,在维修机构资源约束下能够确保重点部队、重点方向和重点故障装备的优先维修,为维修任务优化分配奠定了基础。

6.2.4　基于负载的维修机构选择模型

武器装备系统是个复杂的系统,由多种装备组成,每台装备又由多个专业的多个部件组成,损坏的部件不一样,维修任务也不一样,所需的维修资源也就不同。若调度时不考虑维修任务的专业特点,就可能发生维修资源消耗不均衡的现象,如果分配时不考虑每个维修机构的已有任务量的负载状况,会出现有些维修机构处于空闲,有些维修机构过于繁忙任务完不成的情况,难以达到整个系统的优化。考虑维修机构负载状况可以充分利用维修资源,提高资源的利用率并减少装备维修等待时间。

基于负载的维修机构选择模型,首先确定维修机构修理能力,计算维修机构任务饱和度,确定维修机构工作状态,然后计算维修机构的负载,选择轻负载、中负载状况的维修机构进行任务分配。

为便于描述,假设 N 为维修保障系统中所有可维修专业的集合,n 为专业(类型)数,$n = |N|$。M 为维修保障系统中维修机构集合,m 为维修机构数,$m = |M|$。$L(k) = (l(k,1), l(k,2), \cdots, l(k,n))$ 为维修机构 k 对 n 种专业故障装备的负载向量,$l(k,i)$ 表示维修机构 k 对第 i 类专业故障装备的负载情况。

维修机构实有修理能力的计算可用工时来表示,取决于维修人员的实力、修理工日有效工时,调度时间段和人员及时间的利用效率等因素有关。可表示为[25]

$$a(k,i) = M_{ki} \cdot H \cdot F \cdot K_{1ki} \cdot K_{2ki} \qquad (6.10)$$

式中:$a(k,i)$ 为维修机构 k 第 i 类专业的实有修理工时;M_{ki} 为维修机构 k 第 i 类专业编制人员数量;H 为昼夜工作,一般取 $12 \sim 16h$;F 为调度工作日数或作战持续时间内;K_{1ki} 为维修机构 k 第 i 类专业人员利用系数,按 $70\% \sim 90\%$ 计算;K_{2ki} 为维修机构 k 第 i 类专业时间利用系数。包含作战环境、设备设施、技术资料等维修工作的影响。

按照式(6.10)分别对维修机构各专业的实有维修能力进行计算,可得到面向维修专业的维修机构维修能力 $A(k) = (a(k,1), a(k,2), \cdots, a(k,n))$。

考虑维修任务专业时,任务分配需要考虑维修机构工作状态、任务饱和度和维修机构的负载。

1. 维修机构工作状态

指分配时维修机构 k 所有资源的工作状态,用系数 α_k 表示。受战场环境、维修环境等条件的影响,可以划分等级(很好,好,较好,一般,差),对应标准值($1.0, 0.8, 0.6, 0.4, 0.2$),可由任务分配时战场环境和维修机构实际情况确定。

2. 维修机构任务饱和度

假设分配任务时维修机构 k 已有 n 种专业的维修任务数为

$$Q(k) = (q(k,1), q(k,2), \cdots, q(k,n))$$

完成这些任务所需修理工时为 $C(k) = (c(k,1), c(k,2), \cdots, c(k,n))$,则维修机构 k 的任务饱和度向量为 $B(k) = (b(k,1), b(k,2), \cdots, b(k,n))$。

$$B(k) = \left(\frac{c(k,1)}{a(k,1)}, \frac{c(k,2)}{a(k,2)}, \cdots, \frac{c(k,n)}{a(k,n)} \right) \quad (6.11)$$

式中：$C(k)$ 为维修机构 k 已承担的维修任务量所需要的修理工时；$A(k)$ 为维修机构 k 的维修能力。该指标说明维修机构已承担的任务和拥有的修理能力之间的关系。

3. 维修机构的负载

维修机构负载信息用于维修任务分配时适应维修机构资源性能波动，从而使整个维修分配过程实现维修机构负载的近似平衡。设

$$ld(k,i) = b(k,i)/\alpha_k \quad (6.12)$$

$$lv(i) = \sum_{k=1}^{m} ld(k,i)/m \quad (6.13)$$

则维修机构 k 对第 i 类专业故障装备的负载为

$$l(k,i) = \frac{ld(k,i)}{lv(i)} \quad (6.14)$$

而维修机构 k 的负载向量 $L(k) = (l(k,1), l(k,2), \cdots, l(k,n))$。

因此，可以把维修机构的负载分三个等级：轻负载状态，中负载状态，重负载状态。当 $l(k,i) = 1$ 时，表示维修机构 k 中第 i 类专业任务量和资源负载平衡（中负载状态）；当 $l(k,i) > 1$ 时，表示维修机构 k 中第 i 类专业任务量负载偏重（重负载状态）；当 $l(k,i) < 1$ 时，表示维修机构 k 中第 i 类专业任务量负载偏轻（轻负载状态）。轻负载状态意味着维修机构中第 i 类专业故障的资源没有得到充分利用还可分配更多的维修任务；中负载状态表示维修机构中第 i 类专业的故障资源利用率或任务数处于一个较为合适的水平，可适当分配新任务；重负载状态任务则表示维修机构中第 i 类专业资源利用率已经较高，已超出资源的能力，造成第 i 类专业任务积压或执行已有任务感到吃力，需设法将部分任务重新分配到其他轻负载维修机构或向上级申请第 i 类专业资源调度补充。

例 6.2.2 某作战区域有 3 个维修机构保障多个作战单元的故障装备，假设在第 k 次调度时各维修机构已有机械专业的维修任务总工时分别为 50 工时、80 工时、80 工时，电气专业的维修任务总工

135

时分别为 25 工时、20 工时、30 工时,各维修机构的有关参数见表 6.2.3 及表 6.2.4。

表 6.2.3   维修机构对机械专业的负载情况

维修机构	$a(k,1)$	$c(k,1)$	$b(k,1)$	α_k	$ld(k,1)$	$lv(1)$	$l(k,1)$	负载	
1	100	50	0.5	1.0	0.5		0.5	轻	可安排
2	200	80	0.4	0.8	0.5	1.0	0.5	轻	可安排
3	100	80	0.8	0.4	2		2	重	不安排

表 6.2.4   维修机构对电气专业的负载情况

维修机构	$a(k,2)$	$c(k,2)$	$b(k,2)$	α_k	$ld(k,2)$	$lv(2)$	$l(k,2)$	负载	
1	50	25	0.5	1.0	0.5		1	中	可适当安排
2	100	20	0.2	0.8	0.25	0.5	0.5	轻	可安排
3	100	30	0.3	0.4	0.75		1.5	重	不安排

从表 6.2.3、表 6.2.4 中计算结果可以看出:维修机构 3 处于重负载状态不适合再分配机械专业维修任务,而维修机构 1 和 2 可以分配机械专业维修任务。维修机构 3 处于重负载状态不适合再分配电气专业维修任务,而维修机构 2 可以分配机械专业维修任务,维修机构 1 可以适当分配机械专业维修任务。

维修机构选择模型可以尽量消除或减少各个维修机构负载不均匀的现象,为维修任务优化分配奠定了基础。

6.2.5 多作战单元维修任务分配方法

假设某作战区域有 m 个维修机构对 n 个作战单元实施保障,作战单元 i ($i=1,2,\cdots,n$) 有 s_i 台故障装备,如何分配这些任务使得所有作战单元故障装备维修时间和最短?设 i 表示作战单元的编号,j 表示维修任务的编号,k ($k=1,2,\cdots,m$) 表示维修机构的编号。决策变量为 x_{ijk},$x_{ijk}=1$ 表示安排作战单元 i 的第 j 个维修任务(设为 o_{ij})到第 k 个维修机构维修,$x_{ijk}=0$ 表示不安排 o_{ij} 到第 k 个维修机构维修。w_{ijr} 标识关联关系,如果作战单元 i 的故障装备 j 和 r 存在紧密关系,则 $w_{ijr}=1$,否则

$w_{ijr} = 0$。a_{ijk} 表示维修机构 k 是否能维修作战单元 i 的维修任务 j,如果能维修则 $a_{ijk} = 1$,否则 $a_{ijk} = 0$。t_{ijk} 为第 k 个维修机构对作战单元 i 的第 j 个维修任务的维修时间。T_k 为分配时第 k 个维修机构的可用维修能力(用工时表示)。

根据以上问题,建立任务分配数学模型[26]为

$$\min z = \sum_{i=1}^{n} \sum_{j=1}^{s_i} \sum_{k=1}^{m} t_{ijk} x_{ijk} \tag{6.15}$$

s. t.

$$\sum_{k=1}^{m} x_{ijk} = 1 \quad (i = 1, \cdots, n; j = 1, 2, \cdots, s_i) \tag{6.16}$$

$$\sum_{i=1}^{n} \sum_{j=1}^{s_i} \sum_{k=1}^{m} x_{ijk} = \sum_{i=1}^{n} s_i \tag{6.17}$$

$$\sum_{i=1}^{n} \sum_{j=1}^{s_i} x_{ijk} t_{ijk} \leqslant T_k \quad (k = 1, 2, \cdots, m) \tag{6.18}$$

$$a_{ijk} \geqslant x_{ijk} \tag{6.19}$$

$$w_{ijr}(x_{ijk} - x_{irk}) = 0 \quad (j = 1, 2, \cdots, s_i; r = 1, 2, \cdots, s_i) \tag{6.20}$$

$$x_{ijk} = 0, 1 \quad (1 \leqslant i \leqslant n; 1 \leqslant j \leqslant s_i; 1 \leqslant k \leqslant m) \tag{6.21}$$

$$a_{ijk} = 0, 1 \quad (1 \leqslant i \leqslant n; 1 \leqslant j \leqslant s_i; 1 \leqslant k \leqslant m) \tag{6.22}$$

$$w_{ijk} = 0, 1 \quad (1 \leqslant i \leqslant n; 1 \leqslant j \leqslant s_i; 1 \leqslant k \leqslant m) \tag{6.23}$$

式(6.15)表示目标函数为所有维修任务的维修时间和最短。在约束条件中,式(6.16)表示一个任务只执行一次,式(6.17)表示所有任务分配完,式(6.18)表示任务受维修机构资源能力限制,式(6.19)表示任务只分配给能维修的机构,式(6.20)表示同一个作战单元具有紧密或特殊关联的任务,为了减少维修机构之间的协调与交互,需要由同一维修机构来完成。

在维修任务调度中,因为受多种因素的影响,前期需要进行预处理。预处理十分重要,它为后续任务优化分配模型的求解提供必要数据。装备维修任务调度系统的任务管理模块就是实现对故障装备的预处理工作,主要对维修任务、用户需求以及维修机构的资源进行分析。

首先对故障件进行评估,确定故障的类型专业,确定维修所需的人员及技术水平、工具、测试设备、备件和消耗品、所需的工时和时间以及采用的标准与技术文件等,列出清单,并根据需求确定可使用的维修机构。如果某维修机构满足其维修的所有资源,计算在其中的维修时间窗口。只有当维修机构同时满足资源可用和维修时间窗口在规定时间范围内两个条件,才能通过进一步求解确定此维修任务是否分配给该维修机构。预处理主要包括对故障件损伤评估、维修机构能力评估[27]、维修质量评估[28]、维修经费[29]计算等内容。调度预处理过程如图 6.2.2 所示。

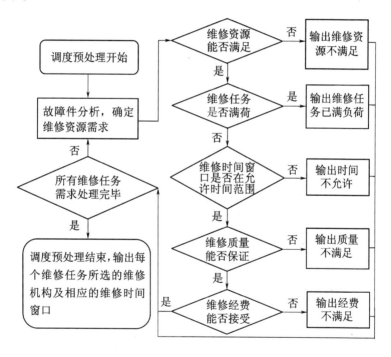

图 6.2.2　调度预处理过程

算法 6.2.2　多作战单元维修任务分配方法

步骤 1　对 $s = \sum_{i=1}^{n} s_i$ 个任务调度预处理。

步骤 2　输入作战单元数 n、维修机构数 m 及每个作战单元的维

138

修任务数 $s_i(i=1,2,\cdots,n)$ 和维修任务总数 s，维修机构能承担任务矩阵 $\boldsymbol{A}=[a_{ij}]_{m\times s}$，维修任务关联矩阵 $\boldsymbol{W}=[w_{ij}]_{s\times s}$，和维修机构完成任务所需的时间矩阵 $\boldsymbol{T}=[t_{ij}]_{m\times s}$，如果维修机构 i 不能承担任务 j，则令 $t_{ij}=M$（M 为充分大的正数）。

步骤3　把具有关联的任务看成一个新任务，重新计算可以承担该任务集合的维修机构所需总时间，作为新任务的维修时间。不能同时承担该任务集合的维修机构视为不能修，得到新的任务总数 s'、维修机构能承担任务矩阵 $A'=[a'_{ij}]_{m\times s'}$ 和维修机构完成任务所需的时间矩阵 $T'=[t'_{ij}]_{m\times s'}$。

步骤4　对于作战单元 i 的维修任务 j 有 $\sum\limits_{k=1}^{m} a_{ijk}=1$ 且 $a'_{k,o_{ij}}=1$，则优先把任务 o_{ij} 分给维修机构 k。即优先确定只有一个维修机构可以承担的维修任务，并把该任务分配给此维修机构。

步骤5　令 $\Delta_i=0(i=1,2,\cdots,m)$，令 $k=0$。

步骤6　升序排列 $[t'_{ij}]_{m\times s'}$ 的每一列中数，得到序列 u_{ij}，满足 $t'_{u_{ij}j'}\leqslant t'_{u_{i+1j}j'}(i=1,\cdots,m-1)$。

步骤7　计算各列的列差额 $d_j=t'_{u_{2j}j'}-t'_{u_{1j}j'}$，降序排列 d_j，得到序列 r_j，满足 $d_{r_j}\geqslant d_{r_{j+1}}$，$j=1,2,\cdots,s'-1$。

步骤8　$k=k+1$，令 $i=0$；如果 $k>s'$ 则输出计算结果，退出计算。

步骤9　$i=i+1$。

步骤10　如果 $\Delta_{u_{ir_k}}+t'_{u_{ir_k}r_k}\leqslant T_{u_{ir_k}}$，把任务 r_k 分配给机构 u_{ir_k} 执行，$\Delta_{u_{ir_k}}=\Delta_{u_{ir_k}}+t'_{u_{ir_k}r_k}$，返回步骤8；否则返回步骤9。

例6.2.3　假设某作战区域4个维修机构分别担负3个作战单元的装备保障任务，现优先保障12个维修任务，如何确定维修任务分配方案使得故障装备逗留时间和最短？

首先通过调度预处理对维修任务的时间、地理位置、经费、维修质量、维修资源等逐个分析，确定每个维修机构可用维修能力 $T_1=20$，$T_2=22$，$T_3=20$，$T_4=25$（工时表示），具有紧密关系需要在同一机构维修的任务关联矩阵 $\boldsymbol{W}$、维修机构承担任务矩阵 $\boldsymbol{A}$、维修任务所需维修时间矩阵 $\boldsymbol{T}$ 分别表示如下：

$$W = \begin{bmatrix} 1 & 1 & 0 & 0 & 0 & 0 & 0 & 0 & 0 & 0 & 0 & 0 \\ 1 & 1 & 0 & 1 & 0 & 0 & 0 & 0 & 0 & 0 & 0 & 0 \\ 0 & 0 & 1 & 0 & 0 & 0 & 0 & 0 & 0 & 0 & 0 & 0 \\ 0 & 1 & 0 & 1 & 0 & 0 & 0 & 0 & 0 & 0 & 0 & 0 \\ 0 & 0 & 0 & 0 & 1 & 0 & 1 & 0 & 0 & 0 & 0 & 0 \\ 0 & 0 & 0 & 0 & 0 & 1 & 0 & 0 & 0 & 0 & 0 & 0 \\ 0 & 0 & 0 & 0 & 1 & 0 & 1 & 0 & 0 & 0 & 0 & 0 \\ 0 & 0 & 0 & 0 & 0 & 0 & 0 & 1 & 0 & 0 & 0 & 0 \\ 0 & 0 & 0 & 0 & 0 & 0 & 0 & 0 & 1 & 0 & 0 & 0 \\ 0 & 0 & 0 & 0 & 0 & 0 & 0 & 0 & 0 & 1 & 0 & 0 \\ 0 & 0 & 0 & 0 & 0 & 0 & 0 & 0 & 0 & 0 & 1 & 1 \\ 0 & 0 & 0 & 0 & 0 & 0 & 0 & 0 & 0 & 0 & 1 & 1 \end{bmatrix}$$

$$A = \begin{bmatrix} 1 & 1 & 0 & 1 & 1 & 1 & 1 & 0 & 1 & 1 & 1 & 0 \\ 0 & 1 & 0 & 1 & 0 & 0 & 0 & 1 & 1 & 1 & 1 & 1 \\ 1 & 0 & 1 & 0 & 1 & 1 & 1 & 1 & 0 & 0 & 1 & 1 \\ 1 & 1 & 0 & 1 & 1 & 1 & 0 & 0 & 1 & 1 & 1 & 1 \end{bmatrix}$$

$$T = \begin{bmatrix} 4 & 8 & M & 2 & 10 & 2 & 11 & M & 3 & 9 & 12 & M \\ M & 7 & M & 6 & M & M & M & 7 & 5 & 4 & 7 & 3 \\ 12 & M & 7 & M & 12 & 7 & 6 & 5 & M & M & 9 & 15 \\ 8 & 4 & M & 8 & 9 & 8 & M & M & 7 & 3 & 10 & 9 \end{bmatrix}$$

从 W 矩阵可知具有紧密关联的任务为 $(1,2,4)$、$(5,7)$ 和 $(11, 12)$,整理得到新的承担任务矩阵 A' 和维修时间矩阵 T':

$$A' = \begin{bmatrix} 1 & 0 & 0 & 1 & 0 & 1 & 1 & 0 \\ 0 & 0 & 1 & 0 & 1 & 0 & 1 & 1 \\ 0 & 1 & 0 & 1 & 1 & 0 & 0 & 1 \\ 1 & 0 & 1 & 1 & 0 & 1 & 1 & 1 \end{bmatrix}$$

140

$$T' = \begin{bmatrix} 14 & M & M & 2 & M & 3 & 9 & M \\ M & M & 21 & M & 7 & 5 & 4 & 10 \\ M & 7 & M & 7 & 5 & M & M & 24 \\ 16 & M & 18 & 8 & M & 7 & 3 & 19 \end{bmatrix}$$

其中第 1 列为任务集合 $\{1,2,4\}$ 组成新任务 1 的维修时间,第 3 列为任务集合 $\{5,7\}$ 组成新任务 3 的维修时间,第 8 列为任务集合 $\{11, 12\}$ 组成新任务 8 的维修时间。

从 T' 中看出:任务 3 只有维修机构 3 能修,优先分配给维修机构 3 修理。在主频 1.7GHz、内存 512MB 的计算机仿真得到的任务分配方案见表 6.2.5。

表 6.2.5 维修任务分配方案表

维修机构	维修任务分配方案	维修机构	维修任务分配方案
维修机构 1	1,2,4,6	维修机构 3	3,8
维修机构 2	11,12,9	维修机构 4	5,7,10

从上述实例可以看出:不是每个机构都需分配任务,如果维修机构不具备维修保障条件,任务就不能分配给该维修机构,如果维修任务既具备更换条件又具备故障件修复条件优先分配给维修时间短的维修机构。具有紧密关系的任务集合 $\{1,2,4\}$ 由维修机构 1 承担,$\{5,7\}$ 由维修机构 4 承担,$\{11,12\}$ 由维修机构 2 承担,满足约束条件。总的维修时间和为 62。

针对该实例,如果不考虑作战单元故障装备之间的紧密关系,采用匈牙利算法对 12 个任务进行分配求得的维修时间和为 55。算法 6.2.2 虽然维修时间和增加了 7,但实际意义重大。

该算法时间复杂度分析:

步骤 1 ~ 步骤 7: $O(s'm^2 + s'^2)$。

步骤 8 ~ 步骤 10: $O(ms')$。

算法 6.2.2 的总时间复杂度为 $O(s'm^2 + s'^2 + ms')$,为多项式复杂度,证明算法在时间上是可行的。

战时维修任务量大,时间紧,维修保障机构的资源相对有限,维修计划安排是否得当,直接影响到作战单元的战斗力。通过对装备维修任务分配问题分析,给出了基于资源约束的维修任务选择方法和基于负载的维修机构选择方法。针对已经确定的维修机构资源分配方案,考虑同一作战单元故障装备存在的紧密关系和维修机构的维修能力对多作战单元维修任务进行分配,建立了多作战单元装备维修任务分配模型,提出了一种启发式任务优化分配算法,并对该算法进行了实例验证和分析评价,验证了算法的有效性和较优性,为决策机关解决维修任务分配问题提供了一种新的方法和思路。

6.3　基于最大维修保障时间的装备维修任务调度方法

当作战任务执行时间窗口确定(常数)或作战任务执行时间窗口随机但有最大执行时间限制时,对这些作战单元故障装备的维修,需要考虑它们的最大维修保障时间,在最大维修保障时间要求下进行维修。因此,本节探讨基于最大维修保障时间约束下的装备维修任务调度方法。

最大维修保障时间是完成维修任务的时限,是战时维修有效时间,指从作战开始算起的一个持续时间段,只有在这段时间内修复的装备才有可能在作战结束前重新投入战场;其他时间修复的装备,因受送修和修复时间因素的影响,作战结束前不能返回战场。最大维修保障时间与作战时间及往返运输时间有关。作战单元 i 的战时最大维修保障时间为

$$d_i = \begin{cases} t_i - t_k, & t_0 \geqslant t_k + t_{ij} \\ 0, & t_0 < t_k + t_{ij} \end{cases} \qquad (6.24)$$

式中:t_i 为作战持续时间(单位:h);t_k 为维修机构一次送修所需时间与返回战场所需时间之和;t_{ij} 为作战单元 i 故障装备 j 的维修所需时间。

当 $t_i \geqslant t_k + t_{ij}$ 时,最大维修保障时间为 $t_0 - t_k$,表明此时该损坏装备战时可修复。

当 $t_i < t_k + t_{ij}$ 时,最大维修保障时间为 0,表明此时该损坏装备战时不可修复。

因此,维修时需充分考虑故障装备的最大维修保障时间,研究在最大维修保障时间约束下的装备维修任务调度方法具有实际意义。

6.3.1 基于最大维修保障时间的装备维修任务调度模型

N 表示作战单元集合;M 表示维修小组集合;u_{ij} 表示作战单元 i 的故障装备 j;e_{ij} 表示故障装备 u_{ij} 的开始维修时刻;t_{ijk} 表示 u_{ij} 在维修小组 k 的维修时间;r_i 表示作战单元 i 故障装备可被维修的最早时刻;s_i 表示作战单元 i 的总故障装备数目;d_i 表示作战单元 i 的最大维修保障时间;f_{ijk} 表示装备 u_{ij} 在维修小组 k 的完工时间;B_{ij} 表示可维修故障装备 u_{ij} 的小组集合;δ_i 表示作战单元 i 的拖期时间;θ_k 表示维修小组 k 可以使用的最早时刻;w_{ij} 表示 u_{ij} 的维修效益;c_{ij} 表示 u_{ij} 的修复时刻;τ_{ij} 表示 u_{ij} 所在的维修小组;决策变量 x_{ijk},$x_{ijk}=1$ 表示安排 u_{ij} 到第 k 个维修小组维修,$x_{ijk}=0$ 表示不安排 u_{ij} 到第 k 个维修小组维修。

假设某维修机构有 $m(k=1,2,\cdots,m)$ 个维修小组,可维修 L 种专业的故障装备,承担了 n 个作战单元的维修任务,作战单元 $i(i=1,2,\cdots,n)$ 有 $s_i(i=1,2,\cdots,n)$ 台装备故障,作战单元 i 的故障装备 j 编号为 N_{ij},由维修小组 k 维修所需维修时间为 t_{ijk}。作战单元 i 的最大维修保障时间为 d_i,已知故障装备的重要度不同。确定维修任务分配方案,满足作战单元最大维修保障时间并使得装备维修效益最大,这里维修效益指维修价值,由故障装备的维修重要度体现。根据不同的重要程度,每个作战单元 i 的故障装备 $j(u_{ij})$ 有不同的权值 w_{ij}。

一个最优调度方案需满足以下条件:

(1) 每个故障装备只能在所属作战单元的最大维修保障时间内执行。

(2) 每个故障装备只能占用满足其要求的维修小组集合中的一个,且执行过程不能中断。

(3) 每个维修小组在任何时候只能同时满足一个故障装备的需求。

(4) 维修小组安排任务的总权值最大。

综上所述,维修任务的调度模型为

$$\max \sum_{i=1}^{n} \sum_{j=1}^{b_i} w_{ij} \Delta_{ij} \tag{6.25}$$

$$s.t. \sum_{i=1}^{n} \sum_{j=1}^{s_i} x_{ijk} \leq 1, \quad k \in M \tag{6.26}$$

$$\sum_{k=1}^{m} x_{ijk} = 1 \tag{6.27}$$

$$c_{ij} x_{ijk} \leq d_i \tag{6.28}$$

其中

$$x_{ijk} = 0 \text{ 或 } 1 \quad (i = 1, \cdots, n; j = 1, \cdots, s_i; k = 1, \cdots, m)$$

$$\Delta_{ij} = \begin{cases} 0, & c_{ij} > d_i \\ 1, & c_{ij} \leq d_i \end{cases}$$

6.3.2 基于最大维修保障时间的装备维修任务调度方法

算法 6.3.1 基于最大维修保障时间的装备维修任务调度方法

步骤 1 通过故障检测确定装备的故障类型、故障装备的维修专业,确定可维修装备的小组集合 B_{ij}。

步骤 2 根据 6.2.4 节内容确定故障装备的维修优先序即故障装备重要度排序。

步骤 3 令 $\theta_k = 0, r_i = 0, i \in N, k \in M$。

步骤 4 计算重要度最高的未调度的装备 u_{ij} 在各维修小组上的完工时间 f_{ijk}。$f_{ijk} = \max(r_i, \theta_k) + t_{ijk}$ $(k \in B_{ij})$。

步骤 5 计算 $\phi, \phi = \min_{k \in B_{ij}} f_{ijk}$,让 u_{ij} 在完工时间等于 ϕ 的维修小组上维修。如果有多个这样的维修小组,则随机选择一个维修。记选择的维修小组为 τ_{ij},则 $c_{ij} = f_{ij\tau_{ij}}, e_{ij} = c_{ij} - t_{ij\tau_{ij}}$。

步骤 6 令 $\theta_{\tau_{ij}} = c_{ij}, r_i = c_{ij}$。

步骤 7 重复步骤(4)~(6),直到作战单元的装备调度完毕。

步骤 8 检查各维修小组所安排装备的修复时刻 c_{ij},如果 $c_{ij} \leq d_i$ 则满足调度要求。如果 $c_{ij} > d_i$,调整 τ_{ij} 的维修任务安排。调整算法步骤如下:

（1）假设维修小组依次安排了 n 个维修任务 $J_1,J_2,\cdots,J_n$，前面 r 个任务 $J_1,J_2,\cdots,J_r$ 都满足条件在各自作战单元最大维修保障时间内，后面的任务 J_{r+1} 能否插入到前面？首先与 J_r 比较互换。如互换后 J_r 在其最大维修保障时间，进行互换；否则不换。

（2）J_{r+1} 依次继续与 $J_{h_{r-1}},J_{h_{r-2}},\cdots$ 类似的比较，直到找到合适的位置为止。如果找不到这样的位置，则 $\Delta_k=0$。

（3）重复步骤（1）和（2）。如果 $r>n$，调整结束，执行步骤9。

步骤9 计算作战单元维修效益 z：$z=\sum\sum w_{ij}\Delta_{ij}$，输出各小组故障装备的排列顺序。

6.3.3 实例分析

例 6.3.1 某维修机构有 4 个维修小组，采用小组部件法组织实施维修，可维修 4 种专业的故障装备，承担 3 个作战单元的 12 项维修任务，各维修小组的维修时间，最大维修保障时间及维修装备重要度分别见表 6.3.1～表 6.3.7。

表 6.3.1 各故障装备的相关情况

维修专业	装备编号	使用的维修小组
1	N_{11}，N_{22}，N_{33}	1,3
2	N_{12}，N_{21}，N_{34}	2,4
3	N_{13}，N_{23}，N_{31}	1,2,3
4	N_{14}，N_{32}，N_{24}	4,3

表 6.3.2 专业 1 故障装备的维修时间（单位：h）

维修小组/装备	N_{11}	N_{22}	N_{33}
1	7	5	9
3	9	8	4

表 6.3.3 专业 2 故障装备的维修时间（单位：h）

维修小组/装备	N_{12}	N_{21}	N_{34}
2	8	6	10
4	5	3	7

表 6.3.4　专业 3 故障装备的维修时间(单位：h)

维修小组/装备	N_{13}	N_{23}	N_{31}
1	4	5	9
2	9	8	4
3	12	8	6

表 6.3.5　专业 4 故障装备的维修时间(单位：h)

维修小组/装备	N_{14}	N_{32}	N_{24}
1	3	5	9
3	9	8	4

表 6.3.6　作战单元故障装备最大维修保障时间(单位：h)

作战单元	1	2	3
保障时间	20	15	18

表 6.3.7　故障装备重要度排序

重要度	1	2	3	4	5	6
装备	N_{11}	N_{12}	N_{14}	N_{31}	N_{13}	N_{21}
权值	1	0.9	0.8	0.7	0.6	0.5
重要度	7	8	9	10	11	12
装备	N_{22}	N_{32}	N_{34}	N_{33}	N_{23}	N_{24}
权值	0.4	0.3	0.2	0.1	0.09	0.08

采用调度算法 6.3.1 调度作战单元的故障装备：

(1) 各维修小组从 0 时刻开始调度。

(2) 按照重要度先后顺序调度各装备。由表 6.3.7 知,装备 N_{11} 的重要度最高,由表 6.3.1 知,小组 1 和 3 可以维修,维修时间分别为 7 和 9,安排维修时间短的小组 1 维修 N_{11},完工时刻为 7;装备 N_{12} 次之,小组 2 和 4 可以维修,可以开工时间都为 0,小组 4 的时间短由它维修,完工时刻为 5;维修 N_{14},小组 1 和 3 可以对它维修,小组 1 完工时刻为 8,小组 3 完工时刻为 9,由小组 1 维修。然后依次调度 N_{31}、N_{13}、N_{21}、N_{22}、N_{32}、N_{34}、N_{33}、N_{13}、N_{14},得到图 6.3.1(a)。计算总维修效益为 $z = 5.5$。

146

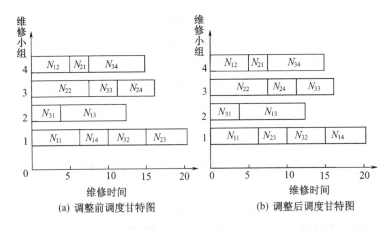

(a) 调整前调度甘特图　　　　　(b) 调整后调度甘特图

图 6.3.1　调度甘特图

（3）检查 1、2、3、4 维修小组所有故障装备的完工时间是否在作战单元最大维修保障时间内。2、4 小组的安排符合要求。1 小组的 N_{23} 的完工时间为 20,3 小组 N_{24} 的完工时间为 16,都超出作战单元 2 的最大维修保障时间 15。经过与前面任务的调整得图 6.3.1(b)。

（4）计算作战单元故障装备的维修时间。作战单元 1 所有故障装备的最大维修时间为 20;作战单元 2 所有故障装备的最大维修时间为 12;作战单元 3 所有故障装备的最大维修时间为 15,故障装备的维修拖期为 0。

（5）计算总维修效益 $z = 5.67$,为故障装备满足最大维修保障时间约束下的最大维修效益。

通过上述算例得出结论:在最大维修保障时间约束下的故障装备维修,并不是重要度大的故障装备就优先安排维修,从提高整个维修效益考虑,尽量使得所有作战单元故障装备在最大维修保障时间内修复完毕,从而提高整体战斗力。

6.4　不考虑维修专业的维修任务调度

6.4.1　维修任务调度问题分析

一般而言,战时维修任务与平时维修任务相比,具有明显的差异,

147

见表6.4.1。由于战时装备维修任务的时限性要求较强,因而战场维修任务分配首要考虑的是使故障装备快速恢复战斗力。一般而言,武器装备都是配套使用的,当多台武器装备发生故障时,必须全部修复这些装备才能产生战斗力,因而维修任务分配必须考虑以作战单元为单位形成整体战斗力。为了解决战时维修任务动态调度问题,只需分别考虑以下两个子问题:

(1) 静态维修任务调度问题。给定维修小组数量、出现故障装备的作战单元的数量、各作战单元故障装备的编号(自动编号)及其维修时间,确定维修任务分配方案。

(2) 动态维修任务调度问题,即在维修过程中,故障装备不断送来,考虑怎样动态、实时地进行维修任务分配,更好地满足作战需要。

表 6.4.1　战时维修任务与平时维修任务的差异

项目	战时维修任务	平时维修任务
维修复杂性	故障相对复杂	故障相对简单
维修方法	一般不可维修,以换件维修为主	修复性维修与换件维修相结合
时限性要求	要求修复越快越好	要求相对较弱
维修质量要求	关键装备维修质量要求高,一般装备维修质量达到可使用水平	维修质量要求较高
维修顺序与装备重要性的关系	根据战争需要,不同故障装备对赢得战争胜利的影响不同	维修过程一般不考虑不同武器装备的重要性
装备重要性的变化	制约作战行动的故障部件为关键部件,故障装备的重要性增大	装备重要性由它在武器系统中的地位确定,不发生变化
装备故障发生情况	统计规律性较弱,毁损、故障发生具有突发性、大范围、频率高等特点	具有较强的统计规律性

6.4.2　静态维修任务调度模型

假设现有 m 个维修小组;有 n 个作战单元;作战单元 i 有 s_i 台装备故障,故障装备编号为 $N_{ij}(i=1,2,\cdots,n;j=1,2,\cdots,s_i)$,将由维修小组 $x_{ij}(x_{ij}=1,2,\cdots,m)$ 负责维修,在该小组中的任务顺序号为 o_{ij},所需维修时间为 t_{ij}。采用小组包修法组织维修,要使战斗力最快得到恢复,如何确定维修任务调度方案,如图 6.4.1 所示。

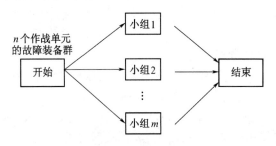

图 6.4.1　不考虑维修专业的装备维修任务调度问题图示

　　确定维修任务分配方案时,要使战斗力最快得到恢复,一般以作战单元修复后的作战时间来衡量,因此维修任务分配方案的目标为最大化全部作战单元修复后的作战时间。假设开始维修的时刻为 0,战斗结束时刻为 t_e,则维修任务分配问题的目标函数为

$$\max \sum_{i=1}^{n} \left(t_e - t_{u_i} \right) \tag{6.29}$$

式中:t_{u_i} 表示作战单元 u_i 的全部故障装备修复的时刻,也可以看作作战单元 u_i 的故障装备在维修系统的逗留时间。模型(6.29)可以转化为

$$\min \sum_{i=1}^{n} t_{u_i} \tag{6.30}$$

式中 t_{u_i} 表示作战单元 u_i 的全部毁损装备修理完工的最终时间,如图 6.4.2 所示,计算表达式为

$$t_{u_i} = \max_{1 \leqslant j \leqslant s_i} t_{u_{ij}} \tag{6.31}$$

式中:$t_{u_{ij}}$ 表示故障装备 N_{ij} 修复的时刻。

图 6.4.2　不考虑维修专业的装备维修任务调度时间图示

为了求解静态维修任务分配问题,需要先考虑不同作战单元维修任务的最优顺序,然后再考虑各作战单元故障装备的维修任务分配。

1. 最优维修顺序

对只有一个维修小组时不同作战单元维修任务的最优顺序,有:

定理 1　有且仅有一个维修小组时,作战单元 i 的全部故障装备所需维修时间为 $t_i(i=1,2,\cdots,n)$。假设 t_i 满足 $t_i \leqslant t_{i+1}$,则最优维修顺序为依次维修作战单元 $1,2,\cdots,n$ 的故障装备。

证明:假设 $r_1 r_2 \cdots r_n$ 是 $1,2,\cdots,n$ 的一个全排列。依次维修作战单元 $u_{r_1},\cdots,u_{r_n}$,则作战单元 $u_{r_i}(i=1,2,\cdots,n)$ 故障装备的逗留时间为

$$t_{u_{r_i}} = \sum_{k=1}^{i} t_{r_k} \tag{6.32}$$

从而目标函数值为

$$z = \sum_{i=1}^{n} t_{u_i} = \sum_{i=1}^{n} (n-i+1) t_{r_i} \tag{6.33}$$

根据式(6.30)可知,$t_{r_i} \leqslant t_{r_{i+1}}$ 时目标函数值达到最小值。由于 $t_i \leqslant t_{i+1}$,所以最优维修顺序为依次维修作战单元 $1,2,\cdots,n$ 的故障装备。

当维修小组数目大于 1 时,可以从每个维修小组的平均工作时间(维修时间)角度考虑各作战单元维修任务的最优顺序,得到定理 2。

定理 2　对于 m 个维修小组、n 个作战单元的维修任务调度问题,作战单元 u_i 的全部维修任务所需时间为 $t_i(i=1,2,\cdots,n)$。假设 t_i 满足 $t_i \leqslant t_{i+1}$,则完成全部维修任务的目标函数的下界为

$$B_L = \sum_{i=1}^{n} (n-i+1) \frac{t_i}{m} \tag{6.34}$$

最优维修顺序为依次维修作战单元 $1,2,\cdots,n$ 的故障装备。

证明:证明过程可以分两步,先证明维修作战单元 u_i 的故障装备时,完成该作战单元全部故障装备的最早时间 $t_{u_i} \geqslant (t_1 + t_2 + \cdots + t_i)/m$。现假设维修作战单元 u_i 的故障装备时,前面已有 $i-1$ 个作战单元的故

障装备已经交付维修,并且分配给各维修小组 k 的维修任务所需时间相同,都是 $(t_1 + t_2 + \cdots + t_{i-1})/m$。维修作战单元 i 的装备时,维修任务所需时间总量为 $t_1 + t_2 + \cdots + t_i$。考虑到共有 m 个维修小组,任意维修小组 k 当前已分配的维修任务所需时间为 t_{g_k},则

$$t_{u_i} = \max\{t_{g_k} \mid 1 \leqslant k \leqslant m\}$$

$$\geqslant \sum_{k=1}^{m} \frac{t_{g_k}}{m}$$

$$= \sum_{j=1}^{i} \frac{t_j}{m}$$

现假设每个作战单元的维修任务都均匀地分配给各维修小组,则各维修小组完成作战单元 u_i 的维修任务的时间相同,均为 $t_{u_i} = (t_1 + t_2 + \cdots + t_i)/m$。根据题设及定理 1 结论可知:最佳维修顺序为 $u_1, u_2, \cdots, u_n$。因此完成全部维修任务的目标函数值满足

$$z = \sum_{i=1}^{n} t_{u_i}$$

$$\geqslant \sum_{i=1}^{n} \sum_{j=1}^{i} \frac{t_j}{m}$$

$$= \sum_{i=1}^{n} (n - i + 1) \frac{t_i}{m}$$

$$B_L = \sum_{i=1}^{n} (n - i + 1) \frac{t_i}{m}$$

故命题成立。

在定理 2 中,如果故障装备所需维修时间都是整数,这时的下界为

$$B_L = \sum_{i=1}^{n} (n - i + 1) g\left(\frac{t_i}{m}\right) \tag{6.35}$$

式中

$$g(x) = \begin{cases} x, & x = [x] \\ [x] + 1, & x > [x] \end{cases} \tag{6.36}$$

例如,$t_1 = 5, m = 4$,由于故障装备维修时间为整数,则必然有一个维修小组完成任务的时间不少于2,故完成作战单元1的全部维修任务所需时间的下界为2,而不是1.25。

2. 静态维修任务分配方法

假设各维修小组已经分配了一定的维修任务,维修小组 g_k 完成维修任务所需维修时间为

$$t_{g_k} = \sum_{i,j} t_{ij}\lambda(x_{ij}, k) \quad (k = 1, 2, \cdots, m) \tag{6.37}$$

式中

$$\lambda(a, b) = \begin{cases} 1, & a = b \\ 0, & a \neq b \end{cases}$$

并且作战单元 u_i 的故障装备还没有分配给各维修小组。为了使得作战单元 u_i 的故障装备修复时间 t_{u_i} 最小化,必须使得 $t_{u_{ij}}(i = 1, 2, \cdots, n)$ 最小化。把作战单元 u_i 的故障装备看成一个整体,均衡考虑,一种简单的规则是把维修时间 t_{ij} 最大的装备 N_{ij} 交给 t_{g_k} 最小的维修小组 g_k,直到全部故障装备分配完毕。这种方法可用于产生初始分配方案。静态维修任务调度初始方案生成步骤如下。

算法6.4.1 静态维修任务调度初始方案生成方法

步骤1 输入作战单元总数 n,维修小组数目 m,输入各作战单元的故障装备数量 $s_i(i = 1, 2, \cdots, m)$。输入各作战单元故障装备编号 N_{ij} 以及所需的维修时间 $t_{ij}(i = 1, 2, \cdots, n; \quad j = 1, 2, \cdots, s_i)$。初始化各维修小组当前已分配维修任务的总时间 $t_{g_k}(t_{g_k} = 0; k = 1, 2, \cdots, m)$。

步骤2 计算各作战单元全部维修任务所需维修时间总和 $t_i(i = 1, 2, \cdots, n)$。

步骤3 升序排列 t_i。不妨假设 $t_i \leq t_{i+1}$。

步骤4 $i \leftarrow 0$。

步骤5 $i \leftarrow i + 1$。如果 $i > n$,则输出计算结果,退出计算。

步骤 6　降序排列作战单元 i 的故障装备所需维修时间 $t_{ij}(j=1,2,\cdots,s_i)$。不妨设 $t_{ij} \geqslant t_{ij+1}$。

步骤 7　$h=0$。

步骤 8　$h=h+1$。如果 $h>s_i$，执行步骤 5。

步骤 9　升序排列各维修小组当前已分配维修任务的总时间 t_{g_k} ($k=1,2,\cdots,m$)，不妨设 $t_{g_k} \leqslant t_{g_{k+1}}$。

步骤 10　把故障装备 N_{ih} 分配给维修小组 g_1，$t_{g_k} \leftarrow t_{g_k}+t_{ih}$；记录分配结果 x_{ih}、o_{ih}。返回步骤 8。

一般而言，利用算法 6.4.1 只能得到问题的近似解。例如 $m=3$ 时，t_{g_1}、t_{g_2}、t_{g_3} 分别为 0、2、8，t_{i1}、t_{i2}、t_{i3} 分别为 3、4、5。分配结果为维修小组 g_1 维修故障装备 N_{i3}、N_{i1}，维修小组 g_2 维修故障装备 N_{i2}，最迟修复时间为

$$t_{u_i} = \max\{t_{g_1}+t_{i1}+t_{i3}, t_{g_2}+t_{i2}\} = 8$$

如果维修小组 1 维修故障装备 N_{i1}、N_{i2}，维修小组 2 维修故障装备 N_{i3}，最迟修复时间为 $t_{u_i}=7$。由此得到一种调整方法。找到初始分配方案中承担作战单元 u_i 维修任务的各维修小组，假设维修小组 $g_{k_{\max}}$、$g_{k_{\min}}$ 的维修时间分别为最大值、最小值，则调整维修小组 $g_{k_{\max}}$、$g_{k_{\min}}$ 的维修任务，以减少 t_{u_i}。初始方案调整步骤如算法 6.4.2 所示。

算法 6.4.2　静态维修任务调度方案调整方法

步骤 1　令 $i=0$。

步骤 2　$i=i+1$。如果 $i>n$，则输出计算结果，退出计算。

步骤 3　统计各维修小组 g_k ($k=1,2,\cdots,m$) 维修作战单元 u_i 的故障装备编号，设编号组成集合为 I_k；统计维修小组 g_k 维修作战单元 u_i 的故障装备的最初完成时间 t_{f_k}；如果维修小组 g_k 没有维修作战单元 u_i 的故障装备，则故障装备编号集 $I_k=\phi$，$t_{f_k}=0$。

步骤 4　求取 t_{f_k} 的最大值 $t_{f_{k\max}}$、最小正值 $t_{f_{k\min}}$，对应维修小组分别为 $g_{k_{\max}}$、$g_{k_{\min}}$。

步骤 5　确定故障装备 N_{ia_0}、N_{ib_0}，满足

$$|\Delta_{a_0 b_0}| = \min_{\substack{u \in I_{k_{\max}} \\ v \in I_{k_{\min}}}} |\Delta_{ab}| \tag{6.38}$$

153

式中

$$\Delta_{ab} = t_{ia} - t_{ib} - \frac{t_{f_{k_{\max}}} - t_{f_{k_{\min}}}}{2}$$

步骤6 如果 $|\Delta_{a_0 b_0}| \geqslant (t_{f_{k_{\max}}} - t_{f_{k_{\min}}})/2$，则返回步骤2。

步骤7 互换维修小组 $g_{k_{\max}}$、$g_{k_{\min}}$ 中故障装备 N_{ia_0}、N_{ib_0}，按照式 (6.39)~式(6.42)更新 $I_{k_{\max}}$、$I_{k_{\min}}$、$t_{f_{k_{\max}}}$ 和 $t_{f_{k_{\min}}}$：

$$I_{k_{\max}} \leftarrow \{b_0\} \cup I_{k_{\max}} \setminus \{a_0\} \tag{6.39}$$

$$I_{k_{\min}} \leftarrow \{a_0\} \cup I_{k_{\min}} \setminus \{b_0\} \tag{6.40}$$

$$t_{f_{k_{\max}}} \leftarrow t_{f_{k_{\max}}} - t_{ia_0} + t_{ib_0} \tag{6.41}$$

$$t_{f_{k_{\min}}} \leftarrow t_{f_{k_{\min}}} + t_{ia_0} - t_{ib_0} \tag{6.42}$$

重新计算维修小组 $g_{k_{\max}}$、$g_{k_{\min}}$ 中各故障装备修复时间 $t_{u_{ij}}$，更新 x_{ia_0}、x_{ib_0}、o_{ia_0} 与 o_{ib_0}，计算各作战单元故障装备修复时间 t_{u_i}，返回步骤4。

例6.4.1 假设现有4个维修小组承担6个作战单元故障装备的维修任务，各作战单元的故障装备编号以及所需维修时间见表6.4.2。试确定一种维修任务调度方案。

解：作战单元 $u_1 \sim u_6$ 的故障装备所需维修时间分别为45、28、30、35、39、57，各单元维修任务安排的顺序为作战单元2、3、4、5、1、6。使用前述方法可得维修任务调度方案为：g_1 负责维修装备 N_{24}、N_{25}、N_{34}、N_{42}、N_{41}、N_{57}、N_{56}、N_{18}、N_{16}、N_{66}、N_{61}、N_{64}。g_2 负责维修装备 N_{26}、N_{23}、N_{32}、N_{46}、N_{51}、N_{55}、N_{14}、N_{15}、N_{67}、N_{63}。g_3 负责维修装备 N_{28}、N_{21}、N_{37}、N_{31}、N_{33}、N_{44}、N_{45}、N_{53}、N_{54}、N_{13}、N_{17}、N_{65}、N_{68}、N_{69}。g_4 负责维修装备 N_{22}、N_{27}、N_{36}、N_{35}、N_{43}、N_{58}、N_{59}、N_{52}、N_{12}、N_{19}、N_{11}、N_{61}、N_{62}。作战单元1~6恢复战斗力的时刻分别为45、7、15、24、33、59（单位时间）。经验证，本调度方案是该调度问题的最优解，对应目标函数值为183。使用静态任务调度模型求解方法计算不同维修小组数、作战单元数、故障装备数时相对误差（调度方案对应目标函数值相对该问题下界的误差）与计算时间见表6.4.3。

表 6.4.2　各作战单元故障装备编号、维修时间(N_{ij}, t_{ij})

装备序号	单元1	单元2	单元3	单元4	单元5	单元6
1	(1,2)	(2,3)	(1,2)	(1,2)	(1,7)	(10,4)
2	(3,8)	(3,4)	(2,7)	(3,6)	(2,1)	(8,6)
3	(5,6)	(4,2)	(6,1)	(4,9)	(3,5)	(9,5)
4	(7,7)	(9,1)	(3,8)	(5,7)	(4,4)	(6,3)
5	(4,4)	(8,6)	(9,3)	(6,2)	(5,3)	(7,6)
6	(2,3)	(6,5)	(5,4)	(8,9)	(7,2)	(5,8)
7	(6,5)	(7,3)	(4,5)	—	(8,8)	(3,9)
8	(8,8)	(5,4)	—	—	(6,6)	(1,5)
9	(9,2)	—	—	—	(9,3)	(2,4)
10	—	—	—	—	—	(4,7)

表 6.4.3　不同维修小组数、作战单元数、
故障装备数时近似算法的相对误差与计算时间

维修小组数	作战单元数	每个作战单元故障装备数	相对误差/%	计算时间/s
30	50	100	0.141	0.008
60	100	100	0.295	0.015
60	100	200	0.079	0.035
60	100	300	0.034	0.061
60	100	500	0.008	0.084
200	500	1000	0.007	1.723

表 6.4.3 的结果是在主频 1.7GHz、内存 512MB 的计算机上实现的。从表 6.4.3 可以看出,计算时间与相对误差主要与各作战单元故障装备总数有关,呈现以下特点:

（1）相对误差随故障装备总数增加而减少。故障装备总数越多,问题的下界与近似解对应目标函数值越接近,获得的解越接近

最优解。

（2）计算时间随故障装备总数增加而呈现线性增加趋势,但计算时间相对较短。对于 500000 台故障装备、200 个维修小组的任务调度问题,所需调度方案生成时间为 1.723s,满足动态维修任务调度所需的实时性要求。

6.4.3　动态维修任务调度模型

由于战场上武器装备发生故障的不确定因素较多,事先不能准确地预知故障什么时候到来,不能准确确定故障装备的数量、故障的类型和故障恢复所需的维修时间,因而在维修任务调度过程中只能根据当前状况进行维修任务调度。动态任务调度模型以静态维修任务调度模型为基础,针对变化的情况实时调整维修任务分配策略。动态任务调度模型主要考虑新增加需要维修故障装备的作战单元、处于待修/在修状态的作战单元新增加故障装备、对处于维修状态的武器装备的处理方式以及维修时间估计值的误差。对此,假设 t 时刻装备发生故障的作战单元数目为 $n(t)$,作战单元 i 的故障装备数量为 $s_i(t)$,故障装备编号为 N_{ij},作战单元 i 的全部维修任务完成时间估计值为 $t_{u_i}(t)$,装备 N_{ij} 的修复时间估计值为 $t_{u_{ij}}(t)$,$i=1,\cdots,n(t)$;$j=1,\cdots,$ $s_i(t)$。动态维修任务调度模型为

$$\min \sum_{i=1}^{n(t)} t_{u_i}(t) \tag{6.43}$$

式中

$$t_{u_i}(t) = \max_{1 \leqslant j \leqslant s_i(t)} t_{u_{ij}}(t)$$

如果故障装备 N_{ij} 已经修复,那么修复时间 $t_{u_{ij}}(t)$ 就是实际修复时间,已修复的装备可以从相应作战单元的故障装备集合中删去。考虑到场地、使用的维修设备等因素的制约,处于修理状态的故障装备一般不会中断修理过程。假设从当前时刻 t 开始,维修小组 k 修复在修故障装备的时刻为 $t_{g_k}(t)$(该修复装备在后续调度中不再考虑),如果维修小组 g_k 刚好处于空闲状态,则令 $t_{g_k}(t)=t$。在此基础上,可以简化

动态任务调度模型,把它转化为静态调度模型处理。任意时刻 t 时动态维修任务调度步骤如算法 6.4.3 所示。

算法 6.4.3 动态维修任务调度方法

步骤 1 输入 t 时刻故障装备信息(故障装备所属作战单元 u_i、编号 N_{ij} 以及修复时间估计值 t_{ij})。

步骤 2 输入 t 时刻维修小组工作起始时刻 $t_{g_k}(t)$。

步骤 3 使用静态维修任务调度方法(算法 6.2.1、6.2.2)确定 t 时刻维修任务分配方案,输出计算结果。

例 6.4.2 假设我方有 4 个维修小组承担 6 个作战单元故障装备的维修任务。战斗经历 Δt_1 时间(作为维修工作开始时刻)后,我方故障装备情况见表 6.4.2。使用 6.4.2 节方法得到任务分配结果。战斗经历 $\Delta t_2 = \Delta t_1 + 40$ 单位时间后,我方故障装备情况见表 6.4.4。

表 6.4.4 各作战单元故障装备编号、维修时间(N_{ij}, t_{ij})

装备序号	单元 1	单元 2	单元 3	单元 6	装备序号	单元 1	单元 6
1	(1,2)	(1,5)	(3,2)	(10,4)	6	(2,3)	(5,8)
2	(3,1)	(5,2)	(6,3)	(8,6)	7	(6,4)	(3,9)
3	—	(3,3)	—	(9,5)	8	(8,1)	(1,5)
4	—	—	—	(6,3)	9	(9,2)	(2,4)
5	(4,4)	—	—	(7,6)	10	—	(4,7)

注:故障装备 N_{12}、N_{17} 和 N_{18} 处于在修状态,表中数据为修复所需剩余时间。作战单元 2、3 的故障装备是经修复投入作战后新产生故障装备

由于作战单元 u_1 的装备 N_{12}、N_{17} 和 N_{18} 处于在修状态,$t = 40$ 时各维修小组开始执行新的维修任务分配方案的开始时刻为

$$t_{g_1} = 41, \quad t_{g_2} = 40, \quad t_{g_3} = 44, \quad t_{g_4} = 41$$

开始执行新的维修任务分配方案时,作战单元 u_1 的装备 N_{12}、N_{17} 和 N_{18} 已经修理完毕。再次调用 6.4.2 节算法 6.4.1 和 6.4.2,得到新的维修任务分配方案见表 6.4.5。作战单元 u_1、u_2、u_3、u_6 恢复战斗力的时刻分别为 48、46、43、63(单位时间)。经检验,该解是问题的一个最优解。与例 6.4.1 求解结果相比,作战单元 u_1、u_6 恢复战斗力的时刻分别推

迟了 3、4 个时间单位,但是作战单元 u_2、u_3 新发生故障的装备得到了修复,恢复战斗力的时刻分别为 46、43,比例 6.4.1 中作战单元 u_6、u_1 恢复战斗力的时刻要早,从整体上提高了装备的战斗力。

表 6.4.5　维修任务分配方案(故障装备 N_{ij})

任务序号	小组 1	小组 2	小组 3	小组 4
1	N_{18}	N_{32}	N_{17}	N_{12}
2	N_{31}	N_{22}	N_{15}	N_{21}
3	N_{23}	N_{16}	N_{62}	N_{19}
4	N_{11}	N_{610}	N_{61}	N_{66}
5	N_{67}	N_{63}	N_{69}	N_{65}
6	N_{68}	N_{64}	——	——

由于武器装备在作战过程中发挥的作用并不一样,有的装备是至关重要的,而有些装备对作战的影响则相对较弱,在维修工作中优先维修严重制约战斗力的故障装备。按照武器装备对战斗力影响的大小,假设故障装备可以分为三级:一级故障装备,装备故障后严重制约战斗力的形成;二级故障装备,装备故障后将削弱战斗力;三级故障装备,对战斗力影响较小。

在维修过程中,优先保障一级故障装备,其次是二级故障装备、三级故障装备。考虑武器装备重要性的动态任务调度问题求解步骤如算法 6.4.4 所示。

算法 6.4.4　考虑武器装备重要性的动态任务调度方法

步骤 1　判断当前故障装备中是否存在一级故障装备。如果存在一级故障装备,按照算法 6.4.3 安排维修小组维修全部一级故障装备。当维修小组正在对二级、三级故障装备进行维修时,如果能暂时停止维修则尽量停止维修操作,优先修复一级故障装备。

步骤 2　如果当前故障装备中不存在一级故障装备,但存在二级故障装备,按照算法 6.4.3 安排维修小组维修全部二级故障装备。当维修小组正在对三级故障装备进行维修时,如果能暂时停止维修则尽量停止维修操作,优先修复二级故障装备。

步骤 3　如果当前故障装备中不存在一、二级故障装备,但存在三级故障装备,按照算法 6.4.3 安排维修小组维修全部三级故障装备。

6.4.4 小结

把战时维修管理工作中的动态维修任务调度问题分解为静态维修任务调度问题与动态维修任务调度问题分别求解。前者是后者的基础。静态维修任务调度优化方法速度快、调度质量高。根据不同时刻维修任务的变化情况,进行动态维修任务调度时,任何时刻采用静态维修任务调度优化方法,就可以近实时地生成维修任务调度方案。这种处理方法简化了原问题求解过程。静态、动态维修任务调度模型的差异在于:静态维修任务调度模型只需产生一个维修方案;随着情况的变化,动态维修任务调度方法在不同的时间产生不同的调度方案,前一方案对后续方案开始执行的时间有一定的影响。本模型是针对战时维修任务调度问题设计的,也可以推广应用于应急任务实时动态调度[30]。

6.5 考虑专业的维修任务调度方法

如果考虑维修小组承担业务的专业,这时把全部维修任务按专业分配给相应的维修小组,然后在各专业领域内进行调度。与 6.4 节相同,为了解决战时维修任务动态调度问题,只需分别考虑以下两个子问题:

(1)静态维修任务调度问题。给定不同专业维修小组数量、出现故障装备的作战单元的数量、各作战单元故障装备的编号(自动编号)及其维修时间,确定维修任务分配方案。

(2)动态维修任务调度问题,即在维修过程中,故障装备不断送来,考虑怎样动态、实时地进行维修任务分配,更好地满足作战需要。

假设维修任务分属于 L 个专业领域,每个领域的维修小组共有 m_l 个;有 n 个作战单元;作战单元 i 有 s_{il} 台装备故障属于第 $l(l=1,2,\cdots,L)$ 个专业领域,故障装备编号为 $N_{ijl}(i=1,2,\cdots,n;j=1,2,\cdots,s_{il})$,将

由维修小组 $x_{ijl}(x_{ijl}=1,2,\cdots,m_l)$ 负责维修,在该小组中的任务顺序号为 o_{ijl},所需维修时间为 t_{ijl}。确定维修任务分配方案时,要使战斗力最快得到恢复,一般以作战单元修复后的作战时间来衡量,因此维修任务分配方案的目标为最大化全部作战单元修复后的作战时间。

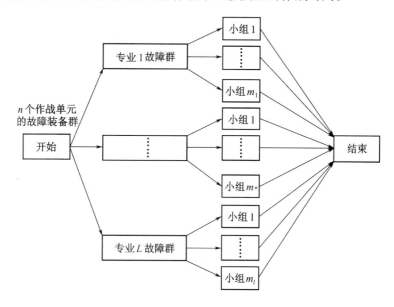

图 6.5.1　基于维修专业装备维修任务调度问题图示

假设开始维修的时刻为 0,战斗结束时刻为 t_e,则维修任务分配问题的目标函数为

$$\max \sum_{i=1}^{n} \left(t_e - t_{u_i} \right) \tag{6.44}$$

式中: t_{u_i} 表示作战单元 u_i 的全部故障装备修复的时刻,也可以看作作战单元 u_i 的故障装备在维修系统的逗留时间。模型(6.29)可以转化为

$$\min \sum_{i=1}^{n} t_{u_i} \tag{6.45}$$

式中: t_{u_i} 表示作战单元 u_i 的全部毁损装备修理完工的最终时间,计算表达式为

160

$$t_{u_i} = \max_{\substack{1 \leq j \leq s_{il} \\ 1 \leq l \leq L}} t_{u_{ijl}} \tag{6.46}$$

式中：$t_{u_{ijl}}$表示故障装备N_{ijl}修复的时刻。

模型(6.45)是一种复杂的排序问题，根据问题的特点，可采用启发式迭代求解方法求解，首先使用启发式规则确定一个近似解，然后使用邻域搜索方法反复搜索，逐步改进近似解。求解方法由算法6.5.1～6.5.4组成。

算法6.5.1 考虑专业时故障装备所在作战单元维修次序初步确定方法

步骤1 输入专业领域数目L，维修小组数m_i；作战单元数n；各专业领域故障装备数s_{il}，故障装备编号$N_{ijl}(i=1,2,\cdots,n;j=1,2,\cdots,s_{il})$，以及所需维修时间为$t_{ijl}$。

步骤2 按照式(6.47)计算各作战单元故障装备的维修时间总和：

$$t_i = \sum_{l=1}^{L} \sum_{j=1}^{s_{il}} t_{ijl} \tag{6.47}$$

步骤3 升序排列t_i。不妨假设$t_i \leq t_{i+1}(i=1, 2, \cdots, n)$。

步骤4 各作战单元故障装备维修先后次序为作战单元$1,2,\cdots,n$。输出计算结果，退出计算。

例6.5.1 三个维修小组分别属于不同的维修专业，3个作战单元的故障装备相关情况见表6.5.1。

表6.5.1 各作战单元故障装备编号的维修时间(单位：h)

装备编号	维修时间	装备编号	维修时间	装备编号	维修时间
N_{111}	7	N_{211}	4	N_{311}	3
N_{112}	3	N_{212}	8	N_{312}	5
N_{113}	8	N_{213}	5	N_{313}	8
N_{121}	7	N_{221}	3	N_{321}	4
N_{122}	4	N_{222}	6	N_{322}	6
N_{123}	3	N_{223}	4	N_{323}	5

解：根据算法 6.5.1，求得 $t_1 = 32h$，$t_2 = 30h$，$t_3 = 31h$。因此，作战单元故障装备的维修次序是作战单元 2、3、1。该问题对应目标函数值的下界为 61.3333h。如果分别考虑每个专业对应维修时间，可知这时作战单元 1、2、3 的逗留时间分别是 33、14 和 25h，总逗留时间为 72h。

从例 6.5.1 的结果可知：由于每一个作战单元的故障装备将要分散到各维修专业领域中去，全部故障装备维修逗留时间的下界（模型（6.45）对应目标函数的下界）与 6.4 节中下界不同。为了得到更好的解，需要对维修过程中装备故障的作战单元的维修次序进行调整。

算法 6.5.2 考虑专业时故障装备所在作战单元维修次序调整方法

步骤 1   利用算法 6.5.1 得到故障装备所在作战单元维修次序初始值。按照式（6.48）计算每个作战单元故障装备维修任务在各专业的平均完成时间：

$$t_{il} = \frac{1}{m_l} \sum_{j=1}^{s_{il}} t_{ijl} \tag{6.48}$$

这时把每个专业的维修小组数目视为一个，而作战单元 i 在维修专业领域 l 的故障装备视为一台，所需维修时间设为 t_{il}。这样，就把原问题转化为"每个维修专业只有一个维修小组、每个作战单元在每个维修专业领域最多只有一台故障装备"的简单问题。按照式（6.49）计算这种情况下的总逗留时间 t'。

$$t' = \sum_{k=1}^{n} \left(\max_{1 \leqslant l \leqslant L} \sum_{i=1}^{k} t_{il} \right) \tag{6.49}$$

步骤 2   任意改变最多 $n/2$ 个作战单元故障装备维修次序，得到相应的总逗留时间 t''。如果 $t' > t''$，则交换着两个作战单元故障装备维修次序，并令 $t' \leftarrow t''$。如果所有的交换都不能减少总逗留时间，则输出计算结果，退出计算；否则执行步骤 3。

步骤 3   返回步骤 2。

在例 6.5.1 中，已经得到初始维修次序为作战单元 2、3、1，对应总逗留时间为 72h。维修次序变更为作战单元 3、2、1 时，对应总逗留时间为71h。维修次序变更为作战单元3、1、2时,对应总逗留时间为70h。维修次序变更为作战单元1、2、3时,对应总逗留时间为68h。

由于这里把每个维修专业领域的全部维修小组只当做一个维修小组来处理,算法6.5.3进一步考虑每个专业领域存在多个维修小组的情况。

算法6.5.3 考虑专业时,初步确定维修任务分配方案的方法

步骤1 输入初始数据,按照算法6.5.2确定故障装备所在作战单元维修次序。为方便,假设作战单元维修次序为$1,2,\cdots,n$。

步骤2 $i \leftarrow 0$。

步骤3 $i \leftarrow i+1$。如果$i > n$,则输出计算结果,退出计算。

步骤4 降序排列作战单元i在维修专业领域l的故障装备所需维修时间$t_{ijl}(j=1,2,\cdots,s_{il};l=1,2,\cdots,L)$。不妨设$t_{ijl} \geqslant t_{i(j+1)l}$。

步骤5 $h = 0$。

步骤6 $h = h+1$。如果$h > s_{il}$,执行步骤3。

步骤7 升序排列各维修小组当前已分配维修任务的总时间$t_{g_{kl}}(k=1,2,\cdots,m_l)$,不妨设$t_{g_{kl}} \leqslant t_{g_{(k+1)l}}$。

步骤8 把故障装备N_{ihl}分配给维修小组g_{1l},$t_{g_{kl}} \leftarrow t_{g_{kl}} + t_{ihl}$;记录分配结果$x_{ihl}$、$o_{ihl}$。返回步骤6。

得到维修任务初始分配方案后,使用算法6.5.4进一步调整,可以获得更好的近似解。

算法6.5.4 考虑专业的维修任务调度方案调整方法

步骤1 令$i=0,l=1$。

步骤2 $i=i+1$。如果$i > n$,则执行步骤8。

步骤3 统计各维修小组$g_{kl}(k=1,2,\cdots,m_l)$维修作战单元u_i的故障装备编号,设编号组成集合为I_k;统计维修小组g_{kl}维修作战单元u_i的故障装备的最初完成时间t_{f_k};如果维修小组g_{kl}没有维修作战单元u_i的故障装备,则故障装备编号集$I_k = \varnothing$,$t_{f_k} = 0$。

步骤4 求取t_{f_k}的最大值$t_{f_k\max}$、最小正值$t_{f_k\min}$,对应维修小组分别为$g_{k_{\max}l}$、$g_{k_{\min}l}$。

步骤5 确定故障装备N_{ia_0}、N_{ib_0},满足

$$|\Delta_{a_0 b_0}| = \min_{\substack{u \in I_{k_{\max}} \\ v \in I_{k_{\min}}}} |\Delta_{ab}| \tag{6.50}$$

式中

$$\Delta_{ab} = t_{ia} - t_{ib} - \frac{t_{f_{k_{\max}}} - t_{f_{k_{\min}}}}{2}$$

步骤 6 如果 $|\Delta_{a_0 b_0}| \geqslant (t_{f_{k_{\max}}} - t_{f_{k_{\min}}})/2$，则返回步骤 2。

步骤 7 互换维修小组 $g_{k_{\max}l}$、$g_{k_{\min}l}$ 中故障装备 N_{ia_0}、N_{ib_0}，按照式 (6.39) ~ 式 (6.42) 更新 $I_{k_{\max}}$、$I_{k_{\min}}$、$t_{f_{k_{\max}}}$ 和 $t_{f_{k_{\min}}}$：

$$I_{k_{\max}} \leftarrow \{b_0\} \cup I_{k_{\max}} \backslash \{a_0\} \tag{6.51}$$

$$I_{k_{\min}} \leftarrow \{a_0\} \cup I_{k_{\min}} \backslash \{b_0\} \tag{6.52}$$

$$t_{f_{k_{\max}}} \leftarrow t_{f_{k_{\max}}} - t_{ia_0} + t_{ib_0} \tag{6.53}$$

$$t_{f_{k_{\min}}} \leftarrow t_{f_{k_{\min}}} + t_{ia_0} - t_{ib_0} \tag{6.54}$$

重新计算维修小组 $g_{k_{\max}l}$、$g_{k_{\min}l}$ 中各故障装备修复时间 $t_{u_{ijl}}$，更新 x_{ia_0l}、x_{ib_0l}、o_{ia_0l} 与 o_{ib_0l}，计算各作战单元故障装备修复时间 t_{u_i}，返回步骤 4。

步骤 8 $l = l + 1$。如果 $l > L$，则输出计算结果，退出计算；否则，$i = 0$，返回步骤 2。

分析算法 6.5.4，不难看出：该算法实际上就是采用算法 6.2.2，对各维修专业领域内各作战单元维修任务进行调整的过程，目的在于进一步减少故障装备在维修机构的逗留时间。算法 6.5.1 ~ 6.5.4 是考虑维修专业领域时静态维修任务分配方法，对于动态变化的维修任务调度问题，可用类似于算法 6.4.3 和 6.5.4 的方法予以解决，只是调用的算法不是算法 6.4.1 和 6.4.2，而是算法 6.5.1 ~ 6.5.4。

6.6 考虑维修业务流程的维修任务调度方法

根据故障装备修理组织实施方法的不同，有时需要考虑每一项维修任务的业务流程，对多专业多作战单元的故障装备维修作业进行调度，使得维修任务完成时间进一步缩短。

164

本节分别对串行维修流程、并行维修流程和混合维修流程的维修任务调度方法进行了探讨研究,可为装备维修保障方案的制定提供辅助决策。

对于一些修理规模较大,工艺设备条件较好的装备修理机构(工厂),一般在劳动组织上采用专业分工的方法,在修理作业方法上,采取以总成换修法为主,就车修理法为辅。在作业方式上,装备拆装宜采用间歇移动的流水作业法,总成修理按流水作业的顺序安排工位[1]。这种组织方法功效高,如果合理安排维修任务可以进一步缩短维修时间,战时可尽快恢复战斗力。

装备维修任务调度问题中的维修流程是指装备维修保障系统中的故障装备必须按照预先规定的维修业务流程进行维修,否则维修的装备不能满足要求,甚至不能进行下一步的维修。维修业务流程规定了维修任务的作业顺序,同时规定了维修任务要访问的维修小组,因为任何一个确定的维修作业(工序)只能在某个确定的维修小组或维修小组群内维修,确定故障装备的维修流程一般是固定的。

因此,基于维修业务流程的装备维修任务调度是对维修实施过程的故障装备维修作业计划的加工顺序进行合理排序,确保维修过程的实施。

6.6.1 问题分类与特征

从时间来看,装备维修实施过程表现为一系列维修任务的并发、串行和交叉耦合,故障装备维修作业可分为[2]:

(1)并行维修作业。各项维修作业是同时展开没有前后约束,如图 6.6.1 所示。

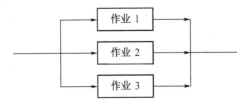

图 6.6.1 并行维修作业流程图

（2）串行维修作业。前项维修作业完成后,才能进行后继项维修作业,如对维修任务进行故障鉴别、故障定位、获取备件、排除故障等维修活动就可以看作维修流程是串行的,因为各项维修作业必须一环扣一环,不能交叉进行。串行维修作业的表示方法如同系统可靠性计算中串联框图一样,如图6.6.2所示。

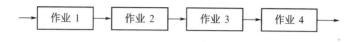

图6.6.2　并行维修作业流程图

（3）混合维修作业。维修作业既有串行维修作业又有并行维修作业,交叉耦合,如图6.6.3所示。

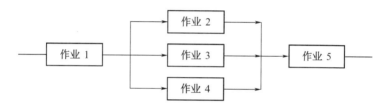

图6.6.3　混合维修作业流程图

因此,根据维修流程的特点,把考虑维修流程的装备维修任务调度问题分为:

（1）并行流程维修任务调度问题。对多作战单元多专业具有并行维修作业的故障装备进行调度。

（2）串行流程维修任务调度问题。对多作战单元多专业具有串行维修作业的故障装备进行调度。又可分为:

① 串行同顺序维修任务调度。每个维修任务的维修流程相同,由若干项串行维修作业组成。

② 串行不同顺序维修任务调度。每个维修任务的维修流程由若干项串行维修作业组成,但各任务的维修流程顺序不同。

（3）混合流程维修任务调度问题。对多作战单元多专业具有混合维修作业的故障装备进行调度。

考虑维修流程的装备维修任务调度问题比不考虑维修流程的装备

维修任务调度问题更具复杂性,因为不仅要考虑多个参战作战单元形成整体战斗力,还要安排多个不同专业故障装备的多个维修步骤(作业)的顺序,面临维修小组的选择问题,如图6.6.4所示。该问题不同于车间调度问题,从调度资源、活动及优化目标三方面进行对比,见表6.6.1。

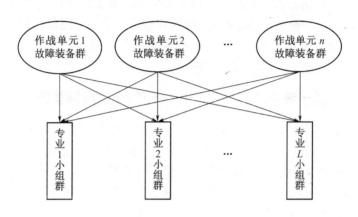

图 6.6.4 n 个作战单元故障装备分属于 L 个专业

表 6.6.1   基于维修流程的装备维修任务调度问题
与车间调度问题对比

问题	资源		活动			优化目标
	名称	数量	名称	所属者	分类型	
维修任务 调度问题	维修小组	多个	故障装备群	作战单元	多种专业	尽快恢复 整体战斗力
车间调度	加工设备	多个	工件群	无	不	最大加工时间最短

从表6.6.1中可以看出如果把车间调度问题看成工件—工序的一个两层调度问题,那么该问题是故障装备群—专业故障装备—维修步骤这样一个三层调度问题,并且两个问题调度目标不同。该问题可行解的数目比车间调度问题还要多,如何在这么大的可行解范围内寻找较优解是面临的主要问题。

为了解决实际应用中的主要需求,采用以下问题假设和简化。

（1）任何时刻,维修小组只能维修一项任务;一项维修任务只能由一个小组维修。

（2）不能中断,一个维修步骤完成后才能进行其他的维修步骤。

（3）维修任务维修等待时间计入维修时间内。

（4）维修所需备件等资源充足。

（5）相同维修专业的维修小组的维修能力相同;因为考虑的是维修机构内部各维修小组组织维修,任务到维修小组的运输时间可忽略不计或近似相等,又因为维修小组长期修理该装备,因此对装备的修理均很熟悉,作出这一假设是合理的。

6.6.2 基于维修流程的装备维修任务调度问题算法分析

目前为止,调度优化算法很多,可区分为精确求解方法和近似求解方法两大类。精确算法能够获得最优解,包括整数规划、枚举法、单纯形法、分枝定界法、动态规划等。近似算法能够获得近似最优解,包括启发式算法、禁忌算法、模拟退火算法、遗传算法、蚁群算法、神经网络和这些算法的混合算法。

因为基于维修业务流程的装备维修任务调度问题不同于一般的数值优化,属于 NP 难问题,即容易形成"组合爆炸"的问题,解决此类问题只能采用近似算法。遗传算法成为近年来解决调度问题最主要的方法。遗传算法(Genetic Algorithms,GA)是模拟生物在自然环境中的遗传和进行过程而形成的一种自适应全局优化概率搜索算法,它主要借用生物进化中的"适者生存"规律,模拟达尔文的自然遗传学,采用优胜劣汰(选择操作)、交配(交叉操作)、基因突变(变异操作)逐步进化,得到问题的满意解。它提供一种求解复杂系统优化问题的通用框架,不依赖于问题的领域和种类。与其他方法相比,遗传算法的优越性主要表现在:搜索过程中不易陷入局部最优,能以极大的概率找到全局最优解;具有并行性,非常适合于大规模分布处理;不需要有很强的技巧和对问题有非常深入的了解;非常适应于求解那些带有多参数、多变量、多目标和在多区域但连通性较差的 NP-hard 优化问题,具有其他算法不可替代的优势;易于与别的技术(如神经网络、启发式规则等)相结合,形成性能更优的算法;但遗传算法的搜索概率低、易于早收敛,而且其编码不规范、不准确。文献[3-8]利用遗传算法解决了相关领域的调度问题。

遗传算法的基本实现过程主要包括以下几个方面:

(1)问题编码方案的确定。遗传算法通常不直接作用于问题的解空间而是利用解的某种编码进行优化,故而合理的编码方案对算法的质量和效率影响很大。常用的编码技术主要有二进制、十进制和实数编码等。

二进制编码将问题的解用一个二进制 0-1 字符串来表示。如用长度为 l 的二进制串 S 来表示 $[a,b]$ 区间的变量 x,则有 $x = a + \dfrac{[S]_2}{2^l - 1}(b - a)$,其中 $[S]_2$ 把二进制串 S 转化为十进制。十进制和实数编码就是将问题的解分别用十进制和实数来表示。

(2)适应函数的确定。适应函数用于对个体进行评价,表明个体对环境的适应能力,也是优化过程进化的依据。一般取目标函数或目标函数的简单变形作为适应函数,常用的适应函数有简单适应函数、非线性加速函数、线性加速函数和排序适应函数等[9],不同的问题其适应函数也不尽相同,经常是根据实际问题进行定义。

(3)算法参数的确定。标准遗传算法定义了 6 个参数:种群数目 P_{size}、交叉概率 p_c、变异概率 p_m、代沟 G、尺度窗口 W 和选择策略 $S^{[10]}$。

(4)遗传算子的确定。遗传算子通常包括初始化操作、交叉操作、变异操作和选择操作等。

初始化操作进行初始种群的选取,有随机选取和运用启发式算法或经验选取得到比较好的染色体(种子)作为初始种群两种方法。

交叉操作是遗传算法中最主要的遗传操作,对于选中用于繁殖后代的个体叫作父代,两个父代通过一定的方式进行交换部分基因从而产生一个或两个新的个体,新的个体叫作子代。例如,两个二进制父代为[100100]和[010010],交叉位置为3,把交叉位置后面部分互换得到子代为[100010]和[010100]。常用的交叉操作方法有单点交叉、多点交叉、部分映射交叉和次序交叉等。

变异操作有利于增加种群的多样性。二进制或十进制编码中通常采用单位值或多位置替换式变异,即用另一种基因替换某一位置上原先的基因。如果某二进制个体的某位置需要变异,就是将原位置的 1 变为 0 或 0 变为 1。常用的变异操作方法有互换变异(SWAP)、逆序变异(INV)和插入变异(INS)等。

选择操作可以避免有效基因的损失,按照一定的方式从父代和子代的群体中选取一定数目的个体作为新种群。常用的选择操作方法有比例选择方法、最佳个体保存方法、排名选择和期望值方法等。

(5)终止规则的确定。遗传算法收敛理论说明了其具有概率 1 收敛的极限性质,但实际算法通常难以实现理论上的收敛条件。因此需要设计一些近似收敛准则来终止算法进程。常用方法有:给定一个最大进化代数;给定个体评价总数;给定最佳搜索解的最大滞留代数等。

遗传算法的基本流程图如图 6.6.5 所示。遗传算法属于邻域搜索方法。邻域搜索方法其本质就是从若干解出发,对其邻域的不断搜索和当前解的替换来实现优化。

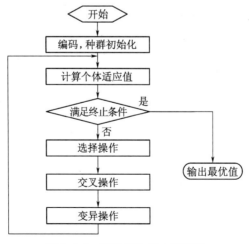

图 6.6.5　遗传算法基本流程图

170

鉴于考虑维修业务流程的装备维修任务调度问题的复杂性和遗传算法的优越性,选择遗传算法来解决该问题。基于遗传算法考虑维修业务流程的装备维修任务调度问题的求解远比车间调度问题复杂,其原因可归纳如下:

(1) 调度解的编码更复杂且多样化,算法的搜索操作多样化。

(2) 解空间容量巨大,例如:某专业 l 有 n 个作战单元的 s_l 台故障装备、m_l 个维修小组维修的问题,包含$(s_l!)^{m_l}$种排列;共 L 个专业($l = 1, 2, \cdots, L$)的装备维修任务调度问题有 $\prod\limits_{l=1}^{L}(s_l!)^{m_l}$ 排列。

(3) 存在维修步骤约束条件的限制,必须考虑解的可行性。

(4) 调度指标的计算比车间调度问题复杂并相对算法比较费时。

6.6.3　并行维修流程的装备维修任务调度方法

假设有 n 个作战单元的故障装备分属于 L 个维修专业领域,每个领域的维修小组有 m_l 个,作战单元 i 有 s_{il} 台装备故障属于第 $l(l = 1, 2, \cdots, L)$ 个维修专业,故障装备 $N_{ijl}(i = 1, 2, \cdots, n; j = 1, 2, \cdots, s_{il}; l = 1, 2, \cdots, m_l)$ 需要 K_{ij} 个并行维修步骤。维修步骤(作业)编号 $N_{ijkl}(i = 1, 2, \cdots, n; j = 1, 2, \cdots, s_{il}; l = 1, 2, \cdots, L; k = 1, 2, \cdots, K_{ij})$ 所需维修时间为 t_{ijkl},将由维修小组 $x_{ijl}(x_{ijl} = 1, 2, \cdots, m_l)$ 负责维修,要使战斗力最快得到恢复,确定各作战单元的维修任务调度方案,如图 6.6.6 所示。

在并行维修流程的装备维修任务调度中,因为故障装备的多个维修步骤没有前后约束,因此故障装备的维修步骤可以看做是对多个并行独立故障装备的维修,因此该问题可以转化为 6.5 节的只考虑维修专业的多作战单元维修任务调度问题。

算法 6.6.1　并行维修流程的装备维修任务调度算法

步骤 1　输入 $n, L, m_l(l = 1, 2, \cdots, L), s_{il}(i = 1, 2, \cdots, n; l = 1, 2, \cdots, L), K_{ij}(i = 1, 2, \cdots, n; j = 1, 2, \cdots, s_{il})$ 的值。

步骤 2　令 $l = 1$。

步骤 3　$i = 1$。

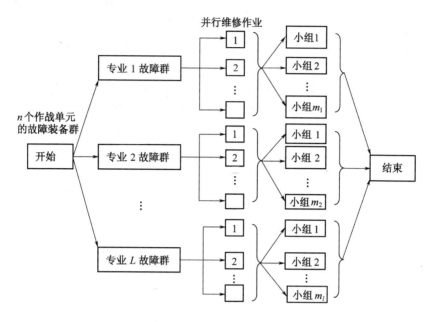

图 6.6.6　并行流程装备维修任务调度问题图示

步骤 4　把作战单元 i 分属专业 l 的所有故障装备维修步骤看成独立的故障装备,重新统计作战单元 i 属于专业 l 的故障装备 $st_{il} = \sum_{j=1}^{s_{il}} k_{ij}$。

步骤 5　$i = i + 1$。如果 $i > n$,执行步骤 6;否则执行步骤 4。

步骤 6　$l = l + 1$。如果 $l > L$,执行步骤 7;否则执行步骤 3。

步骤 7　按照算法 6.5.1 - 4 对重新统计的故障装备 st_{il} 进行调度。

步骤 8　输出故障装备的排序即为相应维修步骤的排序。

例 6.6.1　某维修机构 3 个维修小组分别保障机械、机电、电气 3 个专业的故障装备,现有 3 个作战单元的 6 台故障装备维修步骤相关情况见表 6.6.2。

把每个维修步骤看成该维修专业的故障装备,重新统计得到各专业的故障装备,机械专业的故障装备为 6 台,机电专业为 9 台,电气专业为 9 台。该问题转化为:分属于 3 个专业的 3 个作战单元的 24 台故障装备,3 个维修小组分别对机械专业的 6 台故障装备,机电专业的

172

表 6.6.2 各作战单元故障装备维修
步骤编号(N_{ijkl})、维修时间(t_{ijkl})(单位:h)

步骤编号	维修时间	步骤编号	维修时间	步骤编号	维修时间	步骤编号	维修时间
N_{1111}	7	N_{1212}	4	N_{3112}	3	N_{2313}	7
N_{1121}	3	N_{1222}	8	N_{3122}	5	N_{2323}	5
N_{1131}	8	N_{1232}	5	N_{3132}	8	N_{2333}	3
N_{2111}	7	N_{2212}	3	N_{1313}	4	N_{3213}	4
N_{2121}	4	N_{2222}	6	N_{1323}	6	N_{3223}	2
N_{2131}	3	N_{2232}	4	N_{1333}	5	N_{3233}	1

9 台故障装备,电气专业的 9 台故障装备进行保障。根据算法 6.6.1 在主频 1.7GHz、内存 512MB 的计算机上实现,得到调度甘特图如图 6.6.7 所示。

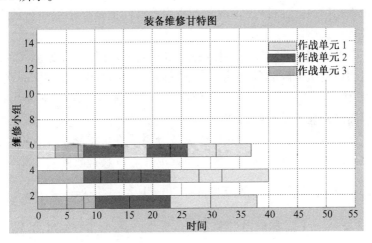

图 6.6.7 调度甘特图

注:纵坐标 2、4、6 分别表示小组 1、2、3。

维修调度方案如下:

小组 1 维修顺序为

$$N_{3122},N_{3112},N_{3223},N_{2222},N_{2111},N_{1111},N_{1222}$$

小组 2 维修顺序为

$$N_{3132}, N_{2131}, N_{2212}, N_{2121}, N_{2323}, N_{1333}, N_{1313}, N_{1131}$$

小组 3 维修顺序为

$$N_{1121}, N_{3213}, N_{3233}, N_{2313}, N_{2232}, N_{2121}, N_{2131}, N_{1332}, N_{1323}$$

作战单元 1、2、3 的逗留时间分别是 40h、26h 和 10h，总逗留时间为 76h。

6.6.4　串行同顺序维修流程的装备维修任务调度方法

在装备维修过程中经常需要各种专业人员对损坏装备依次开展维修活动，前项维修活动完成后，才能进行下项维修活动，完成每一项活动都需要相应的一套人员、设备、场地等维修资源，为了方便研究把它们统一在一个框架下为一个维修小组，每个维修小组完成一种功能部分的维修。因此给出串行同顺序维修任务调度的定义。

串行同顺序维修任务调度是对在维修过程中同专业故障装备的维修步骤相同，每个维修步骤由一个或多个专门的维修小组执行的维修任务进行调度。

本节研究的是多专业多作战单元串行同顺序维修任务调度问题，同时假设约定故障装备在其专业领域内每个维修小组上维修一次，不中断；维修小组在某一时刻只能够维修一个故障装备；故障装备维修步骤所需时间和准备时间已知。

假设有 n 个作战单元的故障装备分属于 L 个维修专业领域，每个领域的维修小组共有 m_l 个，作战单元 i 有 s_{il} 台装备故障属于第 $l(l = 1, 2, \cdots, L)$ 个维修专业，故障装备 $N_{ijl}\left(i = 1, 2, \cdots, n; j = 1, 2, \cdots, \sum_{l=1}^{L} s_{il}, \right.$ $\left. l = 1, 2, \cdots, L\right)$ 需要 m_l 个维修小组依次维修，维修步骤编号为 $N_{ijkl}(i = 1, 2, \cdots, n; j = 1, 2, \cdots, s_{il}; l = 1, 2, \cdots, L; k = 1, 2, \cdots, m_l)$ 所需维修时间为 t_{ijkl}，由维修小组 $x_{ijl}(x_{ijl} = 1, 2, \cdots, m_l)$ 负责维修，确定各作战单元的维修任务调度方案，要使战斗力最快得到恢复。

串行同顺序流程调度问题如图 6.6.8 所示。

因为每个故障装备维修步骤约束给定，同专业所有故障装备在各维修小组的维修顺序相同，因此只需要确定各专业故障装备的维修顺

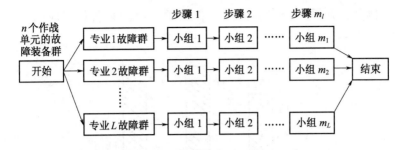

图 6.6.8　串行同顺序流程调度问题图示

序,就可以确定故障装备维修步骤的排列顺序,从而确定作战单元在各专业上的修复时间。

1. 串行同顺序维修流程的装备维修任务调度

设 C_{il} 表示作战单元 i 在专业 l 的修复时间(作战单元 i 在专业 l 的全部战损装备修理完工的最终时间)。

假设专业 l 故障装备群按照 $1 \sim m_l$ 小组的顺序维修,$\{p_{1l}, p_{2l}, \cdots, p_{sl}\}$ $\left(s = \sum\limits_{i=1}^{n} s_{il}\right)$ 表示专业 l 故障装备群的调度顺序,令 $c(p_{rl}, k)$ 表示故障装备 p_{rl} 在维修小组 $k(k = 1, 2, \cdots, m_l)$ 上的修复时间,$t_{p_{rl}, k}$ 为装备 p_{rl} 在维修小组 k 上的维修时间。则

$$c(p_{1l}, 1) = t_{p1l}, 1 \tag{6.55}$$

$$c(p_{1l}, k) = c(p_{1l}, k - 1) + t_{p_{1l, k}}, \quad k = 2, 3, \cdots, m_l \tag{6.56}$$

$$c(p_{rl}, 1) = c(p_{r-1, l}, 1) + t_{p_{rl}, 1}, \quad r = 2, 3, \cdots, s \tag{6.57}$$

$$c(p_{rl}, k) = \max\{c(p_{r-1, l}, k), \quad c(p_{rl}, k - 1)\} + t_{p_{rl, k}},$$
$$r = 2, 3, \cdots, s; k = 2, \cdots, m_l \tag{6.58}$$

作战单元 i 在专业 l 的修复时间为

$$C_{il} = \max_{r \in Q_i} c(p_{rl}, m_l), \quad Q_i \subset \{N_{ijl}\} \tag{6.59}$$

$$C_{i\max} = \max_{1 \leqslant l \leqslant L} C_{il} \tag{6.60}$$

根据对调度目标的分析可知,该问题的调度目标为

$$\min \sum_{i=1}^{n} C_{i\max} \tag{6.61}$$

例如：分属 3 个专业的 3 个作战单元故障装备修复时间如图6.6.9 所示。

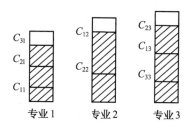

图 6.6.9　修复时间图示

从图 6.6.9 可知：作战单元 1 的最大修复时间 $C_{1\max}$ 为 C_{12}，作战单元 2 最大修复时间 $C_{2\max}$ 为 C_{23}，作战单元 3 的最大修复时间 $C_{3\max}$ 为 C_{31}。调度目标为 $\min(C_{12} + C_{23} + C_{31})$。

2. 串行同顺序维修流程的装备维修任务调度模型求解方法

串行同顺序维修任务调度问题中单一专业故障装备群的调度与制造系统中流水作业调度问题(Flow-shop)类似,Flow-shop 是一个典型的 NP-hard 问题,所以串行同顺序维修任务调度问题也是一个 NP-hard 问题。解决 PFSP 问题,现有的启发式方法可分为规则式算法和迭代式算法两类。常用简单优先权规则主要有处理时间短(SPT)、处理时间长(LPT)、剩余工序加工时间最短(SR)、剩余工序加工时间最长(LR)等。而迭代式启发式算法主要有 NEH 方法、WYS 方法、遗传算法、模拟退火等,其中 NEH 法被认为是至今最好的多项式构造型算法,这类算法能快速构造解,但通常解的质量和算法通用性较差[11]。因为该问题是新问题,没有解决的算法,这里对 NEH 算法进行了改进,可应用到串行同顺序维修任务调度问题。

1）改进的 NEH 算法步骤：

步骤 1　计算每一个故障装备维修所需的总时间 $T_{ijl} = \sum_{k=1}^{m_l} t_{ijkl}$。

步骤 2　在专业 $l(l = 1, 2, \cdots, L)$ 内按 T_{ijl} 递增顺序排列所有故障装备,得到初始解(序列)P。

步骤 3　令 $l = 1$。

176

步骤 4　选出初始解中第一、二个装备,分别计算这两个装备的两种排序下作战单元所需维修时间 $C_{i\max}(i=1,2,\cdots,n)$,取 $\sum\limits_{i=1}^{n}C_{i\max}$ 小的排列,将这两个装备的相对位置固定下来,放入序列 Q 中;令 $k=3$。

步骤 5　从序列 P 中选出第 k 位的装备,将其插入到序列 Q 中的 k 个位置,找出 $\sum\limits_{i=1}^{n}C_{i\max}$ 最小的排列顺序,放入序列 Q 中。

步骤 6　$k=k+1$。如果 $k>n$,执行步骤 7;否则返回步骤 5。

步骤 7　$l=l+1$。如果 $l>L$,则得到了近似解 Q;否则返回步骤 4。

例 6.6.2　已知 $n=2,L=2,m_1=2,m_2=2,t_{1111}=2,t_{1121}=5,t_{2111}=7,t_{2121}=4,t_{1212}=6,t_{1222}=3,t_{2212}=9,t_{2222}=8$。通过上述算法可得到专业 1 维修顺序为:$N_{111}$(作战单元 1 的第一个故障装备),$N_{211}$(作战单元 2 的第一个故障装备)。专业 2 维修顺序为:N_{222}(作战单元 2 的第二个故障装备),N_{122}(作战单元 1 的第二个故障装备)。优化值为 33。但随着问题规模的增大,使用该算法解的质量明显比较差。由于战时维修任务量大,装备专业多,还要考虑故障装备的多个维修步骤,问题规模显然更大。因此需寻求一种能解决大规模问题,解的质量又较好的算法。

遗传算法是一类通用的优化算法,GA 以其并行的自适应寻优以及良好的智能搜索技术,在解决大规模问题中受到了广泛的运用,但对于特定问题其局部优化能力往往比较局限。而传统的局部搜索方法或规则尽管容易陷入局部极小,但其局部搜索能力很强,这正好能够克服 GA 的缺点。因此,鉴于 GA 和传统局部搜索方法或规则的互补特性,许多场合将两者相结合使用,以提高算法的优化质量和效率。

结合问题的特点采用混合遗传算法,利用改进的 NEH 启发式算法生成调度结果后,并编码形成遗传算法个体,与随机选择出的个体一道产生初始种群。启发式算法由于运用了经过检验的优先规则,所生成的编码链具有较高的适应度。因此,在遗传算法框架中加入适当的、基于领域的局部搜索机制,可构成一种全局搜索和局部搜索相结合的优化搜索算法。

2）遗传算法主要参数设计[38-41]

针对问题的特殊性,对遗传算法的主要参数需要进行特殊设计。

（1）基于专业和故障装备的编码设计。GA 不能够直接处理维修调度的参数,因此需要通过编码将调度问题的参数表示成遗传空间由基因按一定结构组成的染色体或者个体。串行同顺序维修任务调度问题中因为同一专业故障装备维修步骤事先确定并相同,因此编码方法选择基于故障装备的编码方法,简单直接且易于交叉和变异操作。每个调度根据故障装备来构造,将各个故障装备编码为相应的整数变量。对于一个给定的故障装备维修序列,列表中的第一个故障装备的维修步骤将首先被调度,然后考虑列表中的第二个故障装备的维修步骤,依次进行,直到所有的故障装备安排完。

又因为故障装备群是分专业维修的,可由多个子排列联合构成染色体,其中每个子排列为一个专业故障装备群的随机完全排列。以 n 个作战单元分属 $l(l=1,2,\cdots,L)$ 个专业的故障装备为例:可由 L 个子排列联合构成染色体,其中每一子排列染色体 $\sum_{i=1}^{n} s_{il}$ 个为第 $l(l=1,2,\cdots,L)$ 专业故障装备的随机完全排列,并且由 $L-1$ 个 * 将其分成 L 段,每一子段表示该阶段(专业)故障装备的维修顺序。显然多次重复上述染色体生成过程可产生多个不同的调度方案,进而构成遗传算法的种群。譬如:如果考虑 2 个作战单元分属 3 个专业的维修任务调度问题,故障装备编号见表 6.6.3。

表 6.6.3　故障装备及编号

故障装备	N_{111}	N_{121}	N_{211}	N_{221}	N_{132}	N_{142}	N_{232}	N_{242}	N_{153}	N_{163}	N_{253}
编号	1	2	3	4	1	2	3	4	1	2	3
注:N_{ijl} 表示第 i 个作战单元第 j 个故障装备所属于 l 专业											

则染色体[1 2 3 4 * 1 2 3 4 * 1 2 3]表示为第 1 专业的维修顺序为 $N_{111}\rightarrow N_{121}\rightarrow N_{211}\rightarrow N_{221}$,第 2 专业的维修顺序为 $N_{132}\rightarrow N_{142}\rightarrow N_{232}\rightarrow N_{242}$,第 3 专业的维修顺序为 $N_{153}\rightarrow N_{163}\rightarrow N_{253}$。

（2）适应度函数设计。遗传算法遵循自然界优胜劣汰的原则,在进化搜索中用适应度表示个体的优劣，作为遗传操作的依据。按照编码规则对染色体进行解码运算，维修任务调度的适应度取为 $f(v_k) = 1\Big/\sum\limits_{i=1}^{n} C_{imax}$，$C_{imax}$ 为作战单元 i 最大修复时间。

（3）选择操作。选择操作是按适应度在子代种群选择优良个体的算法，个体适应度越高被选择的概率就越大。最常用的方法是比例选择、基于排名的选择和锦标赛选择。这里采用的是适应度比例方法即赌轮选择，该方法中个体选择概率与适应度值成比例。当全体规模为 N，个体 v_k 的适应度为 f_{v_k} 时，个体被选择的概率为 $f_{v_k}\Big/\sum\limits_{i=1}^{N} f_i$。

（4）交叉操作。由于调度问题中的染色体具有一定的实际意义，如果随意交换和重组一段基因，生成的子个体很有可能不是一个可行的调度。鉴于编码的特殊意义，交叉操作需要作特殊设计。

首先随机选择交叉阶段（可以是多个），两后代个体分别继承父代个体非交叉阶段上所有的基因，对于交叉阶段，后代首先继承两父代个体的分隔符位置，然后对所确定的交叉阶段上的故障装备排列进行部分映射交叉（PMX）操作，PMX 能够一定程度上满足模式定理使最佳模式得以最大可能保留，从而得到后代个体在该阶段上的所有故障装备的新排列。

例如：在维修任务调度中两父串分别为

$$P_1 = [\ 1\ 2\ 3\ 4\ *1\ 2\ 3\ 4\ *\ 4\ 6\ 5\ 3\ 1\ 2\ ]$$

$$P_2 = [\ 1\ 3\ 4\ 2\ *1\ 2\ 4\ 3\ *\ 2\ 1\ 4\ 3\ 5\ 6\ ]$$

首先随机确定交叉阶段 1 和 3，然后对[1 2 3 4]和[1 3 4 2]进行 PMX 交叉操作（随机交叉位置为 1 和 3）的结果为[1 3 4 2]和[1 2 3 4]，[4 6 5 3 1 2]和[2 1 4 3 5 6]进行 PMX 交叉操作（随机交叉位置为 1 和 4）的结果为[6 1 4 3 5 2]和[2 6 5 3 1 4]。因而后代个体为[1 3 4 2 *1 2 3 4 *6 1 4 3 5 2]和[1 2 3 4 *1 2 4 3 *2 6 5 3 1 4]。显然，这种交叉操作保证了后代个体的合法性。

（5）变异操作。变异的主要目的是维持解群体的多样性，同时修复和补充选择、交叉过程中丢失的遗传基因，在遗传算法中属于辅助性的搜索操作。对于一个施加变异操作的个体,随机选择变异阶段,后代个体首先继承父代个体非变异阶段上的所有基因,然后对变异阶段上的某些随机位置上的基因进行逆序 INV 操作,变异概率 p_m 一般不能取太大。

例如:对染色体[1 3 4 2 ∗1 2 4 3 ∗1 2 4 3 6 5]随机确定第三阶段进行变异操作,两随机变异位置为 2 和 5,则 INV 的结果为[1 3 4 2 ∗1 2 4 3 ∗1 6 3 4 2 5]。

3) 算法流程

步骤 1　输入专业领域数目 L,维修小组数 $m_l(l=1,2,\cdots,L)$,作战单元数 n,各专业领域故障装备数 $s_{il}(i=1,2,\cdots,n;l=1,2,\cdots,L)$,故障装备编号 $N_{ijl}(i=1,2,\cdots,n;j=1,2,\cdots,s_{il};l=1,2,\cdots,L)$,以及维修步骤 N_{ijkl} 所需维修时间 t_{ijkl}。

步骤 2　初始种群。采用改进 NEH 法产生一个初始解,同时随机产生其他个体,来共同组成初始种群(种群规模 p_s 为 40)。

步骤 3　随机确定一个或多个交叉阶段,然后在交叉阶段随机确定两个交叉点,交叉操作采用 PMX 方式,交叉操作对当前种群中的最优个体和另一随机选取的个体来进行,并重复 $p_s/2$ 次(p_s 为种群规模),然后保留新旧个体中最好的 p_s 个体进行后续的变异操作。

步骤 4　随机确定一个或多个变异阶段(专业),然后在变异阶段随机确定变异位置,变异操作采用 INV 操作,整个搜索进程保留最好解。

步骤 5　终止准则采用固定进化代数,考虑问题的规模的影响,取最大进化代数为 $\left(\sum\limits_{i=1}^{n} \sum\limits_{l=1}^{L} s_{il} \times \sum\limits_{l=1}^{L} m_l \right)$。

3. 仿真实验与分析

1) 实验数据

为了测试算法的时间效率和优化效果,测试问题根据作战单元数量,所属专业数量,包含的维修任务个数及维修小组个数来选取。分别选取 3 个专业,每个专业 3 个维修小组承担 3 个作战单元的 8 个和 16 个故障装备调度问题。相关情况见表 6.6.4 和表 6.6.5。

表 6.6.4　实验一——8 个故障装备相关情况

步骤编号	维修时间	步骤编号	维修时间	步骤编号	维修时间	步骤编号	维修时间
N_{1111}	7	N_{1212}	4	N_{3112}	3	N_{2313}	7
N_{1121}	3	N_{1222}	8	N_{3122}	5	N_{2323}	5
N_{1131}	8	N_{1232}	5	N_{3132}	8	N_{2333}	3
N_{2111}	7	N_{2212}	3	N_{1313}	4	N_{3213}	4
N_{2121}	4	N_{2222}	6	N_{1323}	6	N_{3223}	2
N_{2131}	3	N_{2232}	4	N_{1333}	5	N_{3233}	1

表 6.6.5　实验二——16 个故障装备相关情况

步骤编号	维修时间	步骤编号	维修时间	步骤编号	维修时间	步骤编号	维修时间
N_{1111}	7	N_{1211}	14	N_{1312}	4	N_{1513}	6
N_{1121}	13	N_{1221}	8	N_{1322}	6	N_{1523}	10
N_{1131}	8	N_{1231}	5	N_{1332}	15	N_{1533}	3
N_{2111}	7	N_{2212}	3	N_{2412}	17	N_{2513}	2
N_{2121}	4	N_{2222}	16	N_{2422}	5	N_{2523}	3
N_{2131}	3	N_{2232}	4	N_{2432}	3	N_{2533}	5
N_{3111}	5	N_{3312}	3	N_{3412}	4	N_{3513}	6
N_{3121}	17	N_{3322}	5	N_{3422}	2	N_{3523}	7
N_{3131}	8	N_{3332}	8	N_{3432}	1	N_{3533}	2
N_{3211}	6	N_{2312}	3	N_{1413}	12	N_{1613}	4
N_{3221}	4	N_{2322}	5	N_{1423}	3	N_{1623}	5
N_{3231}	3	N_{2332}	8	N_{1433}	1	N_{1633}	12

2）实验结果

因为不知问题的最优解或下界，为了考察其性能，在主频 2.4GHz、内存 512MB 的计算机上采用 MATLAB7.1 分别选取种群规模数为 40，迭代次数 $8 \times 9 = 72$，$P_k = 0.8$，$P_m = 0.15$，采用混合 GA 算法对第一个问题进行仿真，几种算法结果比较见表 6.6.6。

表 6.6.6　实验一仿真结果

调度方案	混合 GA	改进 NEH	SPT	LPT
优化值	67	71	72	72
专业 1 维修方案	N_{111}, N_{211}	N_{111}, N_{211}	N_{211}, N_{111}	N_{111}, N_{211}
专业 2 维修方案	$N_{312}, N_{122}, N_{222}$	$N_{312}, N_{222}, N_{122}$	$N_{121}, N_{312}, N_{222}$	$N_{122}, N_{312}, N_{222}$
专业 3 维修方案	$N_{133}, N_{231}, N_{323}$	$N_{133}, N_{323}, N_{233}$	$N_{321}, N_{233}, N_{133}$	$N_{133}, N_{233}, N_{323}$

表中调度方案解释为各专业 3 个维修小组按照给定的方案分别依次维修。甘特图如图 6.6.10 所示。

由图 6.6.10 可知：作战单元 1 的最大修复时间为 21，作战单元 2 的最大修复时间为 26，作战单元 3 的最大修复时间为 20，总的修复时间为 $21 + 26 + 20 = 67$。

在主频 2.4GHz、内存 512MB 的计算机上采用 MATLAB7.1 分别选取种群规模数为 50，迭代次数 $16 \times 9 = 144$，$P_k = 0.8$，$P_m = 0.15$，采用混合 GA 算法对第二个问题仿真实验，结果见表 6.6.7。

表 6.6.7　实验二仿真结果

调度方案	混合 GA	改进 NEH
优化值	136	160
专业 1 维修方案	$N_{311}, N_{321}, N_{111}, N_{121}, N_{211}$	$N_{311}, N_{321}, N_{211}, N_{121}, N_{111}$
专业 2 维修方案	$N_{332}, N_{132}, N_{342}, N_{232}, N_{222}, N_{242}$	$N_{132}, N_{342}, N_{232}, N_{332}, N_{222}, N_{242}$
专业 3 维修方案	$N_{163}, N_{253}, N_{353}, N_{153}, N_{143}$	$N_{163}, N_{253}, N_{353}, N_{143}, N_{153}$

因为无法知道这些问题的最优解，把下列问题在两种算法下 20 次仿真得到的最优解 C^*；20 次仿真的平均 CPU 时间 $\bar{t}$；算法求得的解与最好解目标函数值的平均偏差作为比较标准，统计结果见表 6.6.8。

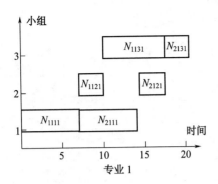

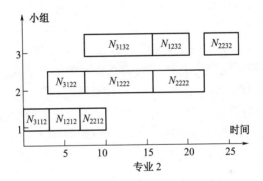

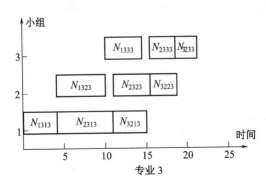

图 6.6.10 混合 GA 产生的调度甘特图

表 6.6.8 　遗传算法与改进 NEH 计算结果的对比

维修小组数	作战单元数	每个作战单元故障装备数	专业数	混合 GA			改进 NEH		
				C^*	%	$\bar{t}/s$	C^*	%	$\bar{t}/s$
5	3	5	1	183	0.24	10.15	202	10.5	0.247
5	3	10	2	258	0.53	21.34	297	15.3	0.256
10	4	10	3	936	0.40	27.56	1126	20.4	0.270
10	4	15	5	674	0.95	40.25	829	23.1	0.474
20	5	15	6	945	1.20	66.97	1233	30.5	0.615
30	5	20	10	1167	2.43	110.23	1647	41.2	0.723

由表 6.6.8 可知,混合 GA 是求解该问题的一种有效的方法。虽然该算法求得解与当前最好解的偏差随着故障装备数的增加有所增大,但增大的速度是比较缓慢,当故障数达到 100 时,平均偏差只有 2.4%。随着问题规模的增加,遗传算法在时间上也是可行的。

因此,由表 6.6.6 ~ 表 6.6.8 得到如下结论:

采用本改进遗传算法解决串行同顺序维修任务调度问题具有较好的优化质量,经多次寻优结果一致,得到的调度方案明显好于改进 NEH 方法、LPT 方法和 SPT 方法。

6.6.5 　串行不同顺序维修流程的装备维修任务调度方法

1. 问题描述

假设有 n 个作战单元的故障装备分属于 L 个维修专业领域,每个领域的维修小组共有 m_l 个,作战单元 i 有 s_{il} 台装备故障属于第 $l(l = 1, 2, \cdots, L)$ 个维修专业,装备故障 $N_{ijl}(i = 1, 2, \cdots, n; j = 1, 2, \cdots, s_{il}; l = 1, 2, \cdots, L)$ 需要 $K_{ij}(0 \leqslant K_{ij} \leqslant m_l)$ 个维修小组串行维修。维修步骤 N_{ijkl} $(i = 1, 2, \cdots, n; j = 1, 2, \cdots, s_{il}; l = 1, 2, \cdots, L; k = 1, 2, \cdots, K_{ij})$ 所需维修时间为 t_{ijkl},由维修小组 $x_{ijl}(x_{ijl} = 1, 2, \cdots, m_l)$ 负责维修,确定各作战单元的维修任务调度方案,要使战斗力最快得到恢复。

图 6.6.11 为某单一专业 3 台故障装备、3 个维修小组的串行不同维修顺序问题的析取图,实线表示某故障装备按约束条件在所有维修

小组上从开始到结束的维修步骤流程,虚线表示同一维修小组上维修步骤各操作的连线[39]。

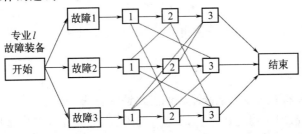

图 6.6.11 l 专业 3 台故障装备、3 个维修小组的析取图

串行不同顺序维修任务调度不仅要确定任务的维修顺序,并且要满足各任务的先后约束,因此其表示方式和求解远比旅行商问题复杂。

串行不同顺序维修任务调度问题不同于串行同顺序维修任务调度问题,虽都是对分属多个专业的多作战单元故障装备串行维修流程进行调度,但故障装备维修顺序不同(顺序已知),所需维修小组也不同,要满足前后约束,因此需确定各维修小组上故障装备维修步骤的顺序。

假设 C_{il} 表示作战单元 i 全部毁伤装备在专业 l 的最终修复时间作战单元 i 在 l 专业的修复时间)。c_{jkl} 为专业 l 内故障装备 j 的维修步骤 k 的完成时间。t_{jkl} 为专业 l 内故障装备 j 的维修步骤 k 的维修时间。

针对某一专业 l 有

$$c_{jkl} - t_{jkl} \geq c_{jhl}, \quad j = 1,2,\cdots, \quad \sum_{i=1}^{n} s_{il}; \quad h,k = 1,2,\cdots,m_l$$

$$(6.62)$$

$$c_{rkl} - c_{jkl} \geq t_{rkl}, \quad r,j = 1,2,\cdots, \quad \sum_{i=1}^{n} s_{il}; \quad k = 1,2,\cdots,m_l$$

$$(6.63)$$

$$c_{jkl} \geq 0, \quad j = 1,2,\cdots, \quad \sum_{i=1}^{n} s_{il}; \quad k = 1,2,\cdots,m_l \quad (6.64)$$

作战单元 i 在专业 l 的最大修复时间为

$$C_{il} = \max_{j \in Q_i} c_{jkl}$$

$$s.\,t.\ Q_i \subset \{N_{ijl}\}$$ (6.65)

根据对调度目标的分析可知,该问题调度目标为

$$\min \sum_{i=1}^{n} \max_{1 \leqslant l \leqslant L} \{C_{il}\}$$ (6.66)

2. 求解不同顺序维修流程调度的遗传算法

由于战时维修任务繁重,装备专业众多,串行不同顺序维修流程调度问题需考虑多个作战单元多台故障装备的多个维修步骤,问题规模大,求解时参数多,变量多,属于多区域但连通性较差的 NP-hard 优化问题。而遗传算法解决大规模问题解的质量较好,不需要有很强的技巧和对问题有非常深入的了解。因此,非常适合对该问题的求解。但针对问题的特殊性,对遗传算法主要参数需要特殊设计。

1)编码与解码

编码问题是设计遗传算法的首要和关键问题。遗传算法的编码技术必须考虑"染色体"的合法性、可行性、有效性以及问题解空间表征的完全性[41],鉴于串行不同顺序维修流程调度问题的组合特性以及维修流程的约束,采用基于专业及故障装备维修步骤的编码方式,将由 L 个子排列联合构成染色体,每个子排列染色体用 $m_l \times \sum_{i=1}^{n} s_i$ 个代表 l 专业所有故障装备维修步骤的一个随机完全排列,并且由 $L-1$ 个 * 将其分成 L 段,显然多次重复上述染色体生成过程可产生多个不同的调度方案,进而构成遗传算法的种群。

解码过程是先将染色体转化为一个有序的故障装备维修步骤表,然后基于该表和故障装备维修流程约束对各操作以最早允许维修时间逐一进行维修,从而产生调度方案。采用基于专业和故障装备维修步骤的编码方法简单直接且易于交叉和变异操作既保证了故障装备维修步骤的约束,又具有很高的效率,问题的解包括满足维修小组约束下的故障装备维修步骤的顺序。分专业编码可将搜索空间限定在活动调度集上,而不是范围更广的半活动调度集,则既能保证搜索状态的可行性,又有助于提高搜索效率,并保证搜索到最优解的可能。

（1）基于专业和故障装备维修步骤的编码。首先对若干符号进行介绍,然后给出编码算法[10]。

① 维修小组顺序矩阵 J_{Ml}, $J_{Ml}(i,j)$ 表示专业 l 中维修故障 i 的第 j 个维修步骤的小组号, $J_{Ml}(i,.)$ 表示专业 l 中 i 故障装备的所有维修步骤按优先顺序维修的各维修小组号的排列。

② 维修时间矩阵 T_L。$T_l(i,j)$ 为专业 l 中故障装备 j 在维修小组 i 上的维修时间。

③ 故障装备排列矩阵 M_{Jl}。$M_{Jl}(i,j)$ 为专业 l 中维修小组 i 上第 j 次维修的故障装备号, $M_{Jl}(i,.)$ 表示维修小组 i 上依次维修的各故障装备的排列。

编码算法如下:

步骤 1 令 $l=1$。

步骤 2 $k=1$。

步骤 3 随机产生 $\left[1, \sum_{i=1}^{n} s_{il}\right]$ 内整数 I 表示某一故障装备。由 J_{Ml} 得到故障装备 I 目前尚未修理的优先权最高维修步骤对应的维修小组 $J_{Ml}(I,1)$。

步骤 4 当 $J_{Ml}(I,1) \neq 0$,返回步骤 3。

步骤 5 令 $s_l[k]=I, k=k+1$。

步骤 6 将 J_{Ml} 的第 I 行各元依次左移一位,尾部空出的位置填 0。

步骤 7 返回步骤 2 直到 J_{Ml} 的所有元均为 0。

步骤 8 $l=l+1$;当 $l>L$,编码结束;否则返回步骤 1。

（2）解码算法。将由上述算法产生的码 $s_l[j]$ $\left(j=1,2,\cdots,\sum_{i}^{n} s_{il} \times m_{il}; l=1,2,\cdots,L\right)$ 及其置换方式解码成可行的活动调度策略的算法。

步骤 1 令 $l=1$。

步骤 2 令 $k[j]=1, j=1,2,\cdots \sum_{i=1}^{n} s_{il}$。

步骤 3 for $j=1$ to $\sum_{i=1}^{n} s_{il} \times m_{il}$。

（3.1）得到维修故障装备 $s_l[j]$ 的维修小组号 $J_{Ml}(s_l[j], k[s_l[j]])$。

（3.2）令 $k[s_l[j]] = k[s_l[j]] + 1$。

（3.3）将故障装备 $s_l[i]$ 在维修小组 $J_{Ml}(s_l[i], k[s_l[i]] - 1)$ 上的维修步骤以最早允许维修时间维修，即从零时刻到当前对该维修小组上的各维修空闲依次判断将此故障装备插入维修。若能，则在空闲中插入维修，并修改该维修小组上的维修队列；否则，以当前时刻维修该故障装备，将此故障装备排在当前队列的末尾。

步骤4　$l = l + 1$。当 $l > L$，解码结束；否则返回步骤2。

算法中，故障装备 I 能在空闲时间段 $[a, b]$ 插入维修的条件为

$$\max(t(I), a) + \text{t\_proc} \leq b$$

其中，a 和 b 分别为空闲起始和终止时刻，$t(I)$ 为故障装备目前的最早允许维修时间，t_proc 为故障装备在维修小组上的维修时间。

（3）举例。譬如：2个作战单元的7台故障装备分属2个专业的串行不同顺序维修流程调度问题。故障装备编号见表6.6.9。

表6.6.9　故障装备编号

故障装备	N_{111}	N_{121}	N_{211}	N_{221}	N_{132}	N_{142}	N_{232}
编号	1	2	3	4	1	2	3

专业 1 维修小组顺序阵 $J_{M1} = \begin{bmatrix} 2 & 1 & 3 \\ 1 & 2 & 3 \\ 3 & 1 & 2 \\ 2 & 3 & 1 \end{bmatrix}$，维修时间

$T_1 = \begin{bmatrix} 2 & 3 & 3 & 2 \\ 2 & 2 & 1 & 3 \\ 1 & 2 & 3 & 2 \end{bmatrix}$。

专业2维修小组顺序阵 $J_{M2} = \begin{bmatrix} 2 & 1 \\ 1 & 2 \\ 1 & 2 \end{bmatrix}$，维修时间 $T_2 = \begin{bmatrix} 1 & 3 & 1 \\ 2 & 2 & 1 \end{bmatrix}$。

第1和第2专业分别有3个维修小组和2个维修小组。若根据上

述编码算法产生随机染色体 $[1,2,3,4,3,1,2,4,4,3,2,1*1,3,2,2,1,3]$,作活动化解码处理,则故障装备排列阵为

$$M_{J1} = \begin{bmatrix} 2 & 3 & 1 & 4 \\ 1 & 4 & 2 & 3 \\ 3 & 4 & 2 & 1 \end{bmatrix}, \quad M_{J2} = \begin{bmatrix} 3 & 2 & 1 \\ 1 & 3 & 2 \end{bmatrix}$$

所得活动调度对应的甘特图如图 6.6.12 所示。

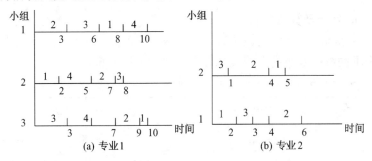

图 6.6.12 两专业活动调度对应的 Gantt 图

从解码的结果可以得知:

专业 1 中第 1 个作战单元故障装备最大修复时间为 10,第 2 个作战单元故障装备最大修复时间为 10。

专业 2 中第 1 个作战单元故障装备最大修复时间为 6,第 2 个作战单元故障装备最大修复时间为 3。

作战单元最大维修时间和则为 20。

2)遗传算法流程。

步骤 1　初始化算法参数(种群数目 p_s,交叉概率 P_k,变异概率 P_m)。

步骤 2　种群产生。由编码生成算法随机产生初始种群。

步骤 3　随机确定一个或多个交叉阶段(专业),交叉操作采用 LOX、C1、PMX、NABEL、OX 等不同方式,交叉操作对当前种群中的最优个体和另一随机选取的个体来进行,并重复 $p_s/2$ 次(p_s 为种群规模),然后保留新旧个体中最好的 p_s 个体进行后续的变异操作。

步骤 4　随机确定一个或多个变异阶段(即专业),然后在变异阶段随机确定变异位置,变异操作可以采用 SWAP、INV 和 INS 等操作,

整个搜索进程保留最好解。

步骤5 终止准则采用固定进化代数,考虑问题的规模的影响,取最大进化代数为

$$\sum_{l}^{L} \sum_{i=1}^{n} s_{il} \times \left(\sum_{l=1}^{L} m_l \right)$$

在算法中采用每代保留当前的最优解,算法将最终收敛到全局最优。

3. 实例及算法分析

例 6.6.3 某维修机构有 7 个维修小组保障 3 个作战单元分属于 3 个不同维修专业的 8 个故障装备相关情况见表 6.6.10。

表 6.6.10 3 个作战单元的 8 个故障装备相关情况

步骤编号	维修时间/维修小组	步骤编号	维修时间/维修小组	步骤编号	维修时间/维修小组	步骤编号	维修时间/维修小组
N_{1111}	7/1	N_{1112}	4/3	N_{3112}	3/3	N_{2213}	7/6
N_{1121}	3/2	N_{1122}	8/3	N_{3122}	5/4	N_{2223}	5/5
N_{1131}	8/2	N_{1132}	5/4	N_{3132}	8/3	N_{2233}	3/5
N_{2111}	7/1	N_{2212}	3/4	N_{1213}	4/5	N_{3213}	4/7
N_{2121}	4/2	N_{2222}	6/4	N_{1223}	6/6	N_{3223}	2/7
N_{2131}	3/1	N_{2232}	4/3	N_{1233}	5/7	N_{3233}	10/6

为了考察其性能,在主频 2.4GHz、内存 512MB 的计算机上采用 MATLAB7.1 分别选取种群规模数为 40,迭代次数为 $8 \times 7 = 56$,$P_k = 0.8$,$P_m = 0.15$,得到调度甘特图。如图 6.6.13 所示。

从图 6.6.13 可知,作战单元逗留时间和为 74,而采用 LPT(选择故障装备维修时间和长的优先安排)的调度时间为 105,SPT(选择故障装备维修时间和短的优先安排)的调度时间为 99,该方法明显优于 SPT 和 LPT 两种方法。

使用求解方法计算不同维修小组数、作战单元数、故障装备数、专业数时相对误差(调度方案对应目标函数值相对 10 次仿真获得最优解的偏差)与 10 次仿真的平均 CPU 时间 $\bar{t}$ 作为比较标准,统计结果见表 6.6.11。

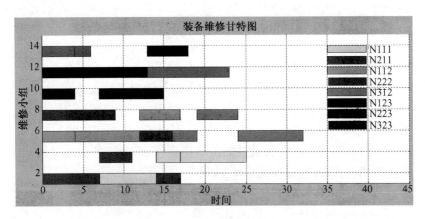

图 6.6.13 调度甘特图

注：纵坐标 2、4、6、8、10、12、14 分别表示小组 1、2、3、4、5、6、7。

表 6.6.11 GA 和 LPT、SPT 的性能比较

维修小组数	作战单元数	每个作战单元故障装备数	专业数	$\bar{t}(s)$			相对误差/%		
				GA	LPT	SPT	GA	LPT	SPT
5	2	3	1	13.41	0.121	0.142	0	4.19	3.3
5	2	5	2	20.24	0.201	0.212	0	14.54	13.67
10	3	5	3	22.16	0.225	0.321	0	16.64	12.23
10	3	10	5	45.25	0.267	0.244	0	17.34	18.21
20	4	10	6	50.21	0.321	0.256	0	20.33	19.77
20	5	10	8	90.62	0.432	0.327	0	36.21	33.89

注：$\bar{t}$ 指 10 次仿真的平均 CPU 时间；相对误差% 是指与 10 次仿真获得最优解的偏差

由表 6.6.11 可知，随着问题规模的增加，遗传算法在时间上是可行的，而近似最优解大大优于传统的 LPT、SPT 方法。

6.6.6 混合维修流程的装备维修任务调度方法

在 6.6.3 节、6.6.4 节及 6.6.5 节分别研究了并行流程、串行同顺序和串行不同顺序流程的装备维修任务调度方法。更一般的情况，在维修过程中故障装备的多个维修活动（作业）有串行的，也有并行的，维修活动的维修小组事先未确定，对它的研究也具有重要意义。

1. 问题描述

假设维修机构中有 n 个作战单元的故障装备分属于 L 个维修专业领域，每个领域的维修小组共有 m_l 个，作战单元 i 有 s_{il} 台装备故障属于第 $l(l=1,2,\cdots,L)$ 个维修专业，装备故障编号为 $N_{ijl}(i=1,2,\cdots,n;j=1,2,\cdots,s_{il};l=1,2,\cdots,L)$ 需要 K_{ij} 个串并混合维修活动(步骤)完成，维修步骤编号 $N_{ijkl}(i=1,2,\cdots,n;j=1,2,\cdots,s_{il};l=1,2,\cdots,L;k=1,2,\cdots,m_l)$ 所需维修时间为 t_{ijkl}，要使战斗力最快得到恢复，确定各作战单元的维修任务调度方案，问题如图 6.6.14 所示。

通过 6.6.5 节编码方法的分析可知基于故障装备维修步骤(活动)的编码方法简单直接且易于交叉和变异操作，构造的交叉和变异操作既保证了故障装备的维修活动约束，又具有很高的效率，但常用于维修活动(步骤)的维修小组事先已确定的调度问题。对于维修步骤有多个并行维修小组维修的混合维修流程装备维修任务调度问题，问题的解包括两方面的内容：故障装备维修步骤的排列顺序和维修小组的选择，因此编码要反映这两方面的内容。为此提出基于故障装备维修步骤和维修小组的两层遗传算法编码方案来实现。

2. 算法关键参数与操作的设计

1）编码方案

根据混合流程维修任务调度问题的特点，需考虑维修流程的约束和同一维修步骤有多个维修小组选择两方面内容，同时保证染色体和解之间的编码和解码可行性、合法性、唯一性以及运算的效率问题，借鉴生物 DNA 的双螺旋基因特性，所以采用基于故障装备维修步骤和维修小组的两层自然数编码。

第一层编码故障装备维修步骤的编码。令所有作战单元的全部故障装备的维修步骤之和为 $N=\sum_{i=1}^{n}\sum_{j=1}^{s_i}k_{ij}$，让自然数 $1\sim N$ 随机排列得到第一层编码序列，依次对应 N 个维修步骤，自然数 $1\sim N$ 表示对应维修步骤的优先顺序。

第二层编码实现维修小组选择。维修步骤分属于不同的维修专业，每个维修专业都有多个维修小组。维修步骤按照所属维修专业从

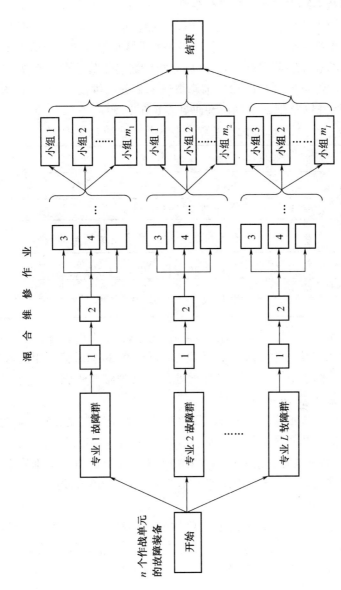

图 6.6.14　混合流程装备维修任务调度问题图示

可选维修小组中选取一个进行维修。维修小组的选取有两个方案：方案一是随机选择，即在可选维修小组中随机选取一个即可；方案二是选取可选维修小组中当前繁忙程度最小的维修小组。假设当前有 2 个作战单元的故障装备需要维修，其所有故障装备维修步骤之和为 $N=6$，维修步骤约束见表 6.6.12。维修小组 1、2 分属维修专业 1，维修小组 3、4 分属维修专业 2，其两层编码见表 6.6.13。

表 6.6.12　故障装备的维修步骤约束表

专业 1		专业 2	
$N_{1111} \rightarrow N_{1121}$	N_{2111}	$N_{1212} \rightarrow N_{1222}$	N_{2212}
注：N_{ijkl} 表示作战单元 i 故障装备 j 的维修步骤 k 所属于 l 专业			

表 6.6.13　基于维修步骤和维修小组的两层编码表

维修步骤 N_{ijk}	N_{1111}	N_{1121}	N_{1212}	N_{1222}	N_{2111}	N_{2212}
第一层编码	3	5	2	1	6	4
第二层编码	1	2	4	3	2	3

表 6.6.13 第二列表示作战单元 1 故障装备 1 的维修步骤 1 的优先级是 3，维修小组 1、2 都可以对其进行维修，按照维修小组选取方案二选取维修小组 1 作为 N_{1111} 维修小组。其他维修步骤编码类似。表 6.6.13 表示的是一个染色体。

基于维修步骤的编码方案简单直接且易于实现交叉和变异操作，构造的交叉和变异操作既保证了维修任务的维修流程约束又具有很高的效率；基于维修小组的编码方案则考虑了维修时有多个维修小组可选的调度问题。二者结合较好地实现了对本问题的编码。

2）解码方案

由于适应度计算中需要染色体的解码结果，所以在此先说明解码方案。编码方案的解码工作是排定所有维修步骤的实际维修顺序。结合编码中各个维修步骤的优先权随机数和维修流程的约束，解码步骤如下：

步骤 1　编码方案 Q，从中确定当前没有前驱的所有维修步骤的集合 S；$t=1$。

步骤 2　比较集合 S 中维修步骤对应的优先权,令优先权最高的维修步骤为 $P^*(t)$。

步骤 3　$S = S - \{P^*\}$,$Q = Q - \{P^*\}$,$t = t + 1$。

步骤 4　若 $S = \varnothing$,得到解码序列集合 P^*,结束。否则重复步骤 1~3。

上述解码过程考虑了各维修步骤的前后约束,得到的 P^* 是可行调度。

根据上述算法求得表 6.6.12 的解码方案为 $O = \{N_{1212}, N_{1222}, N_{1111}, N_{2212}, N_{1121}, N_{2111}\}$。

3) 初始群体的选取和适应度函数

(1) 群体的规模。群体的规模在算法中需要首先确定。实际应用中经常采用编码长度数的线性倍数作为群体规模,例如,群体规模 s 取编码长度 $k \sim 2k$ 的一个确定数[38]。群体规模也可以是变化的,当多代进化没有明显改变解的性能时,现有群体规模已很难改进解,就可以扩大群体规模;反之,如果解的改进非常好,则可以相应减少群体规模来加快计算速度。

(2) 种群数目 P_{size}。种群数目 P_{size} 一般选取编码长度的线性倍数,模型中取 $P_{size} = 1.5H$,H 为编码长度。

(3) 初始群体的选择。初始群体一般有两种选取方式。一种是随机选取,随机选取可以遍历所有状态,使最优解在进化中得以生存。毫无疑问,随机选取加大了进化代数,增加了计算时间。另一种是用启发式算法或经验选取比较好的染色体(种子)作为初始群体。这样的初始种群有一定的偏见,缺乏代表性,可能产生早熟而无法求出最优解。针对实际问题采用随机选取的方式生成初始群体。

(4) 适应度函数。在遗传算法中,以个体适应度大小来确定该个体被遗传到下一代群体中的概率。个体的适应度正比于该个体被遗传到下一代的概率。文中采用排序适应函数得到适应度函数。将同一代群体中的 s 个染色体按目标函数值 $\sum_{i=1}^{n} C_{imax}$(C_{imax} 为作战单元 i 最大修复时间)从大到小排列,重将这些染色体按目标值从小到大记为 $1 \sim s$。

直接取分布概率为

$$p(i) = 2i/s(s+1), \quad 1 \leqslant i \leqslant s$$

这样避开了对目标函数进行线性、非线性等加速适应函数的早熟可能,使每一代当前最好解以最大的概率 $2/s(s+1)$ 遗传。

4)交叉操作

通过编码方案可得到维修步骤编码的初始种群。由于编码操作是双层编码,异于一般的二进制、十进制和实数编码,因此交叉操作也有一定的特殊性,交叉操作具体步骤如下:

步骤1　从维修步骤编码种群中随机选取两个个体作为繁殖后代的父代 A_1 和 $A_2, i = 0$。

步骤2　把 $1 \sim N$ 自然数随机分成两个互补集合 S_1 和 S_2。

步骤3　从前到后顺序选择父代 A_1 中属于 S_1 的第一层编码,以及父代 A_2 中属于 S_2 的第一层编码,将其对应的维修步骤和两层编码一起构成子代 B_1。假设父代 A_1 和 A_2 的第一层编码为[5 3 2 6 4 1]和[1 3 2 4 6 5], $S_1 = [1 2 4 5], S_2 = [3 6]$。父代 A_1 中属于 S_1 的第一层编码为[5 2 4 1],父代 A_2 中属于 S_2 的第一层编码为[3 6],将两者对应的维修步骤和编码依次排列得到子代 B_1,其第一层编码为[5 2 4 1 3 6]。

步骤4　类似上步,从前到后顺序选择父代 A_1 中属于 S_2 的第一层编码,以及父代 A_2 中属于 S_1 的第一层编码,将其对应的维修步骤和两层编码一起构成子代 B_2。与步骤3类似, B_2 的第一层编码为[3 6 1 2 4 5]。

步骤5　若 $i > P_{\text{size}}/2$,结束操作,否则令 $i = i + 1$,转步骤1。

5)变异操作

变异操作采用逆序 INV 操作,即将父代中两个不同随机位置间的基因串逆序,从而得到子代。第一层编码的操作是首先产生两个不同但在 $1 \sim N$ 范围内的随机数,然后对由此确定的两个位置之间的第一层编码进行串逆序操作;第二层编码由于是按照维修小组选取的方案二得到的,效果比方案一随机选取好,故而在此保持不变。

196

6）选择操作

采用保优的优胜劣汰策略,即从新旧种群所有个体中选取最优的 P_{size} 个个体作为新种群,保证最优个体的延续,实现了理论上收敛于全局最优[42]。

3. 改进的遗传算法

根据算法关键参数与操作的设计,结合本问题采用改进的 GA 算法流程[43]如下:

步骤 1　初始化算法参数,包括维修步骤的种群数目 P_{size},算法进化代数等。

步骤 2　产生故障装备维修步骤初始种群。采用遗传算法编码方案对故障装备任务调度问题进行编码,按照随机选取方法产生维修步骤的初始种群。

步骤 3　解码方案,求取维修步骤种群中所有个体对应的调度优化适应值,令其中最优值为 c^*。

步骤 4　是否满足终止准则:是,结束计算,输出结果;否,转步骤 5。

步骤 5　交叉操作。对维修步骤种群中所有个体进行交叉操作得到新种群,保留原种群和新种群中 P_{size} 个最佳个体作为新种群。

步骤 6　变异操作。按照逆序 INV 方式对维修步骤种群中所有个体进行变异操作,保留 P_{size} 个最佳个体作为遗传算法新的新种群,更新 c^* 和最优调度个体。

4. 应用实例

例 6.6.4　某维修机构有 7 个维修小组保障 2 个作战单元的 7 台故障装备。各种数据分别见表 6.6.14 和表 6.6.15。

表 6.6.14　维修小组数据

维修小组编号 m			
专业 1	1	2	
专业 2	3	4	
专业 3	5	6	7

表 6.6.15 故障装备相关情况

步骤编号	维修时间/次序约束	步骤编号	维修时间/次序约束	步骤编号	维修时间/次序约束	步骤编号	维修时间/次序约束
N_{1111}	4/1	N_{1233}	4/3	N_{2112}	1/1	N_{1413}	8/1
N_{1121}	3/1	N_{1313}	3/1	N_{2122}	5/2	N_{1423}	12/2
N_{1132}	5/2	N_{1322}	3/2	N_{2131}	7/2	N_{1433}	5/3
N_{1211}	2/1	N_{1333}	10/2	N_{2213}	5/1	N_{2313}	7/1
N_{1223}	7/2	N_{1341}	2/3	N_{2222}	4/2	N_{2323}	9/2

为了考察其性能,在主频 2.4GHz、内存 512MB 的计算机上采用 MATLAB7.1 分别选取种群规模数为 30,迭代次数 200,$P_k = 0.8$,$P_m = 0.15$,采用 GA 算法仿真。优化值的编码和解码见表 6.6.16、表 6.6.17,对应的装备维修任务调度方案如图 6.6.15 所示。

表 6.6.16 优化值的基于维修步骤和维修小组的两层编码

维修步骤 N_{ijkl}	N_{1111}	N_{1121}	N_{1132}	N_{1211}	N_{1223}	N_{1233}	N_{1313}	N_{1322}	N_{1333}	N_{1341}
第一层编码	19	12	3	6	11	5	15	8	14	17
第二层编码	2	1	3	1	6	6	7	4	7	2
维修步骤 N_{ijkl}	N_{2112}	N_{2122}	N_{2131}	N_{2213}	N_{2222}	N_{1413}	N_{1423}	N_{1433}	N_{2313}	N_{2323}
第一层编码	16	20	10	18	9	7	4	1	13	2
第二层编码	4	4	2	6	4	5	5	7	7	5

表 6.6.17 优化值的解码

维修小组	维修方案	维修小组	维修方案
1	N_{1121},N_{1211}	5	N_{1413},N_{1423},N_{2323},
2	N_{1111},N_{2131},N_{1341}	6	N_{2213},N_{1233},N_{1223}
3	N_{1132}	7	N_{1313},N_{1333},N_{2313},N_{1433}
4	N_{1132},N_{2122},N_{2222},N_{1322}	8	

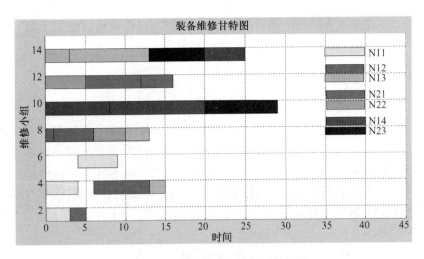

图 6.6.15　遗传算法调度结果甘特图

注：纵坐标 2、4、6、8、10、12、14 分别表示小组 1、2、3、4、5、6、7。

从图 6.6.15 可知,遗传算法所得调度目标函数最优值为 54,而 SPT 算法调度所得最优值为 74,LPT 算法调度所得最优值为 80。

使用求解方法计算不同维修小组数、作战单元数、故障装备数、专业数时相对误差(调度方案对应目标函数值相对 10 次仿真获得最优解的偏差)与 10 次仿真的平均 CPU 时间 $\bar{t}$ 作为比较标准,统计结果见表 6.6.18。

表 6.6.18　GA 和 LPT、SPT 的性能比较

维修小组数	作战单元数	每个作战单元故障装备数	专业数	$\bar{t}(s)$			相对误差%		
				GA	LPT	SPT	GA	LPT	SPT
5	2	3	1	23.61	0.15	0.19	0	3.17	3.00
5	2	5	2	25.27	0.20	0.24	0	17.51	13.95
10	3	5	3	28.16	0.22	0.19	0	14.94	12.53
10	3	10	5	35.27	0.27	0.20	0	19.14	17.11
20	4	10	6	52.91	0.35	0.25	0	32.36	35.87
20	5	10	8	117.85	0.33	0.30	0	45.18	43.59
注: $\bar{t}$ 指 10 次仿真的平均 CPU 时间;相对误差%是指与 10 次仿真获得最优解的偏差									

由表 6.6.18 可知,随着问题规模的增加,遗传算法在时间上是可行的,而近似最优解大大优于传统的 LPT、SPT 方法。

6.6.7 小结

从时间来看,装备维修过程表现为一系列维修任务的并发、串行和交叉耦合。本章分别对并行维修流程、串行同顺序、串行不同顺序维修流程和混合维修流程的装备维修任务调度方法进行研究。建立了装备维修任务调度模型,通过文中给出的遗传算法求解,给出了较好维修方案。该方案能在已配置的有限资源下,进一步缩短维修时间,提高作战单元的整体战斗力。

参 考 文 献

[1] 李振兴,曹小平.装备修理厂(所)组织与管理[M].西宁:青海人民出版社,2003.

[2] Petra Schuurman. Approximating schedules [Z]. http://alexandria. tue. nl /extra2/200110 034. pdf.

[3] 王正元,谭跃进.三机床置换 Flow-shop 问题求解的一种新方法[J].系统工程学报,2004, 19(6): 577 - 614.

[4] 王正元,岑凯辉,谭跃进.求解同顺序加工调度问题的一种启发式方法[J].计算机集成制造系统——CIMS, 2004, 10(9): 1124 - 1128.

[5] David Montana, Marshall Brinn, Sean Moore, etc. Genetic Algorithms for Complex, Real-Time Scheduling [EB/OL]. (1998)[2005 - 12 - 15]. http:// vishnu. bbn. com / papers / smc 98. pdf.

[6] Roger Cline. Maintenance scheduling for mechanical equipment [Z]. United state department of the interior bureau of reclamation, Denver, Colorado. http://www. usbr. gov/ power/data/ fist/fist4_1a/4 - 1a. pdf.

[7] Roger Cline. Maintenance scheduling for electrical equipment [Z]. United States department of the interior bureau of reclamation, Denver, Colorado. http://www. usbr. gov/power/data/ fist/fist4_1b/ fist4_1b. pdf.

[8] 韩帮军,范秀敏,马登哲,等.用遗传算法优化制造设备的预防性维修周期模型[J].计算机集成制造系统——CIMS, 2003, 9(3): 122 - 125.

[9] 韩帮军,范秀敏,马登哲.基于可靠度约束的预防性维修策略的优化研究[J].机械工程学报, 2003,39(6): 102 - 105.

[10] Daniel Frost, Rina Dechter. Maintenance scheduling problems as benchmarks for constraint

algorithms［Z］. http:// www. ics. uci. edu/ ～csp/r70b-maintscheduling. pdf.

［11］ 朱福喜. 并行分布计算中的调度算法理论与设计［M］. 武汉：武汉大学出版社,2003.

［12］ 姬小利. 供应链定单任务分配模型及其混合遗传算法［J］. 西南交通大学学报,2005,
40(6)：811 - 815.

［13］ Waleed M S A. Energy-aware task scheduling［D］. Queen's unversitity Kingston, Ontario,
Canada：2005.

［14］ 郭齐胜,罗小明. 装备作战仿真概论［M］. 北京：国防工业出版社,2007.

［15］ 刘芳,赵建印,郭波. 可修系统任务分析与成功型评估模型［J］. 系统工程与电子技术,
2007,29(1)：147 - 150.

［16］ 张芳玉. 战时装备维修任务指派模型及算法研究［J］. 运筹与管理,2006：62 - 65.

［17］ 王荣辉. 战时维修任务指派模型研究［J］. 应用高新技术提高维修保障能力会议论文
集,2005：719 - 721.

［18］ 田舢. 用遗传算法解决装备抢修任务分配问题［J］. 航空计算技术,2006,1：83 - 85.

［19］ 彭勇. 多部件设备维修问题研究及遗传算法求解［J］. 工业工程与管理,2003,6：
39 - 43.

［20］ 朱昱,宋建社,王正元. 一种基于最大保障时间的战时装备维修任务调度［J］. 系统工
程与电子技术,2007,11：1900 - 1903.

［21］ 何鹏,张芳玉,于娜,等. 战时装备维修器材分配方法研究［J］. 军械工程学院学报,
2005,17(5)：46 - 49.

［22］ 夏良华,龚传信. 基于资源约束的装备保障任务动态调度研究［J］. 军事运筹与系统工
程,2004,1：39 - 41.

［23］ 朱昱,宋建社,杨檬. 装备维修任务分配模型研究［J］. 兵工自动化,2008,5：34 - 37.

［24］ 段永强. 工作流系统中的动态任务调度［J］. 中国机械工程,2002,13(2)：233 - 235.

［25］ 石全,米双山,王广彦,等. 装备战伤理论与技术［M］. 北京：国防工业出版社,2007.

［26］ 张宏国. 协同项目多目标任务分配优化算法［J］. 信息技术,2006,7：22 - 25.

［27］ 王正元,严小琴,朱昱. 维修机构保障能力评估方法［J］. 第二炮兵工程学院学学报,
2008,12.

［28］ 孙华昕,梁工谦,程培培. 装备维修质量指标评价及质量改进模型研究［J］. 设备设计
与维修 2005,5：103 - 107.

［29］ 曹继平,宋建社,朱昱,等. 装备维修保障费用统计模型研究［J］. 计算机科学,2006,33
(9. 专辑)：321 - 323.

［30］ 陈胜,赵林度. 实时任务动态调度方法［J］. 数学的实践与认识,2006,32(1)：66 - 72.

［31］ 徐宗昌. 保障性工程［M］. 北京：兵器工业出版社, 2002.

［32］ Jawahar N,Balaji A N. Genetic algorithm for the two-stage supply chain distribution problem
associated with a fixed charge［J］. European Jourual of Operation Research,2009,194：
496 - 537.

［33］ 宋存利,时维国,黄明. 遗传算法在并行多机调度问题中的应用［J］. 大连铁道学院学

报,2006 – 04.

[34] 王万雷. 基于遗传算法的车间作业调度问题研究[D]. 昆明: 昆明理工大学,2002.

[35] 宋玉林. 混合遗传算法在配送车辆调度问题中的研究和应用[D]. 武汉: 华中科技大学,2004.

[36] Aliew R A, Fazlollahi B, Guirimov B G, et al. Fuzzy-genetic approach to aggregate production-distribution planning in supply chain[J]. Science management Information, 2007, 177: 4241 – 4255.

[37] Marzio Marseguerra, Enrico Zio, Luca Podofillini. Multi-objective spare part allocation by means of genetic algorithms and Monte Carlo simulation[J]. Reliability Engineering and System Safety, 2005(87):325 – 335.

[38] 邢文训, 谢金星. 现代优化计算方法[M]. 北京:清华大学出版社,1999:140 – 183.

[39] 王凌. 车间调度及其遗传算法[M]. 北京: 清华大学出版社,2003:14 – 15.

[40] 王正元. 基于状态转移的组合优化方法研究[D]. 长沙: 国防科学技术大学,2004.

[41] 玄光南,程润伟. 遗传算法与工程优化[M]. 北京: 清华大学出版社,2005.

[42] 王凌. 智能优化算法及其应用[M]. 北京: 清华大学出版社,2001.

[43] 李国防, 宋建社, 朱昱,等. 基于遗传算法的面向战时装备维修任务调度研究[J]. 第二炮兵工程学院学报,2008(1).

第7章　维修保障能力评估方法

维修保障能力评估是装备维修管理工作中非常重要的一环。为了全面提高装备维修的效率,发现问题并解决问题,需要对维修人员、备件仓库和维修机构等进行维修保障能力评估。本章重点论述维修人员、备件仓库和维修机构保障能力的评估方法。

7.1　维修人员保障能力评估方法

维修人员维修保障能力(Support Ability of Maintenance Man,SAMM)评估是维修机构维修能力评估的重要一环,也是维修机构管理工作中的重要组成部分,评估结果可以作为合理配置维修力量的依据。科学、合理的SAMM评估方法不但有助于鼓励先进,还可以促进维修机构朝正确的方向改进,为组织机构的长远建设奠定基础。系统评价方法很多,主要有模糊综合评判法、层次分析法、价值分析法、统计量化法、矩阵法和相关树法等[1]。对装备维修保障能力的评估大多采用模糊综合评判方法[2,3]、层次分析法[3]等基于加权模型的方法,而实际情况中的复杂关系使得维修保障能力评估是一个复杂的多层次评价模型,使用简单的加权模型不能较好地反映多个影响因素对维修保障能力的影响。从查到的文献来看,专门评估SAMM的文献较少。

本节综合分析了影响SAMM的主要因素,建立了维修保障能力评价指标体系,建立了SAMM评估模型,在指标量化的基础上逐层综合,最后得到维修人员的维修能力。在评估模型中,考虑到干部与战士维修能力的差异性,使用不同的综合评价模型使综合评价方法更加合理。调整综合评估模型中的参数,可以使评估模型更紧密地与维修机构的长远发展目标相结合。

7.1.1 维修保障能力的指标体系

按照人才评价理论,可以从德、能、勤、绩、体五个方面评价人才[4]。由于维修人员维修保障能力只是人才综合素质的一部分,这里不考虑德、勤、体对它的影响,因而评价 SAMM 可以从维修人员的基本能力、工作业绩和创新能力三个方面考虑。基本能力主要由维修人员的理论水平和实践能力来反映;工作业绩主要通过维修人员的维修工作量、专利发明、立功受奖情况和参加综合训练、演习次数等反映,即从维修人员的实际工作情况衡量维修人员的能力;创造能力主要通过维修人员解决新问题的能力以及发明专利等方面反映。维修能力指标体系如图 7.1.1 所示。

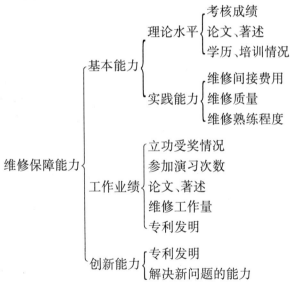

图 7.1.1　维修能力指标体系

7.1.2 维修保障能力指标的量化

由于维修能力指标体系由多个层次指标组成,需要量化底层指标。评价指标可以分为定性指标和定量指标两种,定性指标采用专家评分法量化,而定量指标则采用定量方法量化。量化指标时,需要合理制定参照标准。如果标准太高,几乎没有人能够达到,维修能力评估达不到激励的目的;同样,如果标准太低,大部分人都可以达到,同样不能分出能力层次,从而无法促进组织机构整体维修能力的提高。此外,由于维修人员包含干部和战士(含士官,以下同),对二者要求不同,因而对不同类型人员综合评价的模型不同。对维修干部而言,更注重干部的理论水平;对战士,则更注重战士的实践能力。在指标量化过程中,有许多指标的量化结果是相对的。例如,从平均值看,干部发表论文、出版专著的可能性比战士要大得多,因而量化指标时,战士只和战士比较,干部只与干部比较。

1. 定量指标量化方法

定量指标量化模型主要有以下三种:指标值越大越好时的量化模型,指标值越小越好时的量化模型,指标值越接近给定范围越好时的量化模型。

如果指标值越大越好,则可以采用式(7.1)量化:

$$y = \begin{cases} 1, & x \geqslant \beta \\ e^{-\frac{(x-\beta)^2}{\sigma^2}}, & x < \beta \end{cases} \tag{7.1}$$

式中: β 表示满足需求的评价对象指标值; x 表示评价对象的指标值; σ 表示指标规范化值; y 表示评价对象量化值。 σ 满足条件

$$x \geqslant \beta - 3\sigma \tag{7.2}$$

指标值越大越好时,除了采用式(7.1)量化外,还可以使用概率表达式量化:

$$y_i = \int_{-\infty}^{s_i} \frac{1}{\sqrt{2\pi}\,\sigma} e^{-\frac{(x-\bar{s})^2}{2\sigma^2}} dx \tag{7.3}$$

式中: s_i 表示维修人员 i 的某项指标值, $\bar{s}$、σ 分别为 s_i 的均值与标准差,使用下式计算:

$$\bar{s} = \frac{1}{n}\sum_{i=1}^{n} s_i, \quad \sigma = \sqrt{\frac{1}{n-1}\sum_{i=1}^{n}(\bar{s}-s_i)^2} \tag{7.4}$$

如果指标值越小越好,则量化为

$$y = \begin{cases} 1, & x \leqslant \alpha \\ \mathrm{e}^{-\frac{(x-\alpha)^2}{\sigma^2}}, & x > \alpha \end{cases} \tag{7.5}$$

式中：α 表示满足需求的评价对象指标值；x 表示评价对象的指标值；σ 表示指标规范化值；y 表示评价对象指标量化值。σ 满足条件

$$x \leqslant \alpha + 3\sigma \tag{7.6}$$

如果指标值越靠近给定范围$[\alpha,\beta]$越好，则量化为

$$y = \begin{cases} \mathrm{e}^{-\frac{(x-\alpha)^2}{\sigma_1^2}}, & x < \alpha \\ 1, & \alpha \leqslant x \leqslant \beta \\ \mathrm{e}^{-\frac{(x-\beta)^2}{\sigma_2^2}}, & x > \beta \end{cases} \tag{7.7}$$

式中：$[\alpha,\beta]$ 表示满足需求的评价对象指标值的范围；x 表示评价对象的指标值；σ_1、σ_2 表示指标规范化值；y 表示评价对象指标量化值。σ_1,σ_2 满足

$$\alpha - 3\sigma_1 \leqslant x \leqslant \beta + 3\sigma_2 \tag{7.8}$$

三种量化模型可用图 7.1.2 表示：

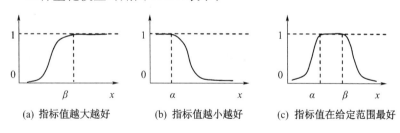

(a) 指标值越大越好 (b) 指标值越小越好 (c) 指标值在给定范围最好

图 7.1.2　定量指标量化函数曲线

2. 维修人员基本能力指标量化

维修人员基本能力指标包括理论水平及实践能力两部分指标。

1）理论水平中各指标的量化

描述理论水平的指标包括学历、培训情况、发表论文、编著以及综合考核成绩、技术等级等。由于干部、战士的学历差异较大，量化学历

时对干部、战士分别采用不同的量化标准。

学历和培训情况对提高维修人员的理论水平有一定的帮助。一般而言,学历越高,理论水平越高,采用专家评分法量化学历,其中要求维修干部的理想学历(参照标准)为硕士以上学历,战士的理想学历为高中以上文化程度(含高中毕业生)。假设不同学历得分见表7.1.1。

表7.1.1 学历的量化值

干部		战士	
学历	量化值	学历	量化值
硕士以上	1	本科以上	1
本科	0.8	专科	0.9
专科	0.6	高中	0.85
高中以下	0.2	初中以下	0.5

考核成绩的量化。进行考核时,为了减少不同专业考核内容难易程度对考核成绩的影响,使用概率量化方法量化考核成绩。假设某专业共有 n 个人参加考试,考核成绩为 $s_1, s_2, \cdots, s_n$,则每个人考核成绩的量化值 y_i 可以用式(7.3)、式(7.4)量化。

发表论文、编著的量化可以采用文献分级方法[5]。在不同级别、影响程度不同的刊物上发表的论文得分不同。例如发表的关于装备维修的文章被 SCI 索引、被 EI 索引(或者类似的权威机构索引)或者论文发表在本专业中文一级核心期刊、一般核心期刊、非核心期刊上,得分不同。使用专家评分法获得不同刊物上发表文章的得分值见表7.1.2,出版专著的得分值见表7.1.3。

表7.1.2 不同刊物发表论文量化

序号	1	2	3	4	5
刊物或索引情况	SCI 检索	EI 检索	一级核心期刊	一般核心期刊	其他
评分值 u_i	1	0.9	0.8	0.6	0.2

表 7.1.3 出版专著的量化

字数	专著	编著	编写
10 万以下	0.5	0.3	0.1
10 万~20 万	0.7	0.5	0.2
20 万~30 万	0.8	0.6	0.3
30 万~50 万	0.9	0.7	0.35
50 万以上	1	0.8	0.4

由于发表论文的数量不同,采用积分法得到每个人发表论文的得分值:

$$t_i = \sum_{j=1}^{5} n_{ij} u_j, \quad i = 1, \cdots, m \qquad (7.9)$$

式中:n_{ij} 表示人员 i 发表第 j 类论文的数量。每个人发表论文的年度平均得分值采用式(7.3)、式(7.4)量化。著述的量化方法与论文的量化方法相同。

2) 实践能力指标量化

实践能力指标包括维修熟练程度、间接费用和维修质量。维修熟练程度可以用维修所需时间描述,完成维修任务所用时间越短,熟练程度越高。对于相同维修任务,假设不同维修人员维修所需的时间用 t_i 表示,可以采用式(7.5)量化。间接费用是完成维修任务所需的辅助物质(材料)、辅助设备、设施、人员等资源的综合价值:

$$c = c^m + c^u + c^e + c^h \qquad (7.10)$$

式中:c^m、c^u、c^e、c^h 分别表示辅助材料费用、辅助设备使用费用、设施使用费用和人力资源费用。间接费用越小,维修能力越强,因而可以采用式(7.5)量化。维修质量可用维修后维修部件持续正常工作时间衡量,可以采用式(7.1)量化。

3. 工作业绩指标量化

工作业绩指标包括专利发明、论文与著述、维修工作量、立功受奖情况以及参加演习次数。论文与著述的量化方法与 2 中相同。专利发

208

明、立功受奖情况的量化方法与论文、著述的量化方法相似,先用专家评分法得到不同等级专利发明(立功受奖)的评分,统计各维修人员的专利发明(立功受奖)总分。为了量化维修工作量,必须量化维修任务。量化维修任务时,在现有历史数据的基础上统计得到不同维修任务所需的平均维修时间$\bar{t}$,并使用专家评分法得到不同维修任务的难度系数η,把不同维修任务所需的工作量折合成标准维修时间:

$$t_s = \eta\bar{t} \tag{7.11}$$

这样,维修工作量可用维修人员完成不同维修任务的标准维修时间之和衡量。参加演习次数的量化方法与论文著述的量化方法类似。由于不同维修人员参加工作时间长短不一样,不同维修人员的论文与著述、专利发明、维修工作量等指标值差异很大,对此,可以先计算各指标的年度平均值作为指标值,然后使用式(7.3)、式(7.4)量化得到该指标的量化结果。

4. 创新能力指标量化

创新能力指标包括专利发明和解决新问题的能力两部分。专利发明的量化参照前述内容。解决新问题的能力可以用新问题解决的程度、所需时间来衡量。显然,所用时间越短,能力越强,可以用式(7.5)量化;问题解决得越好,能力越强。问题解决程度量化方法见表7.1.4。

表7.1.4　问题解决程度量化表

解决程度	未解决	部分解决	初步解决	基本解决	完全解决
量化值	0	0.2	0.6	0.8	1.0

7.1.3　综合评估

从图7.1.1可知,SAMM可以从底层指标开始,逐层综合评估,最后得到维修能力评估值。评估方法有层次分析法、模糊综合评判法等,实际应用中针对具体问题应该选择合适的评估方法。评估方法选择的依据是问题(系统)的组成要素与问题目标的关系,问题不同,使用评估方法不一定相同;问题的目标不同,使用的评估方法也不相同。下面依次给出各层指标的综合评价方法和 SAMM 的综合评估模型。

1. 维修人员各指标评估

1）维修人员基本能力评估

基本能力 E_1 包括理论水平指标 E_{11} 和实践能力指标 E_{12}。理论水平指标包括学历与培训情况指标 E_{111}、发表论文指标 E_{112}、编著指标 E_{113} 以及综合考核成绩指标 E_{114} 等。维修人员的理论水平以学历（含培训情况）为基础，综合考核成绩、发表论文以及出版专著则是理论水平的外在表现，因此维修人员的理论水平为

$$E_{11} = E_{111}(\alpha_{112}E_{112} + \alpha_{113}E_{113} + \alpha_{114}E_{114}) \qquad (7.12)$$

式中：权系数 $\alpha_{112}, \alpha_{113}, \alpha_{114} \geq 0, \alpha_{112} + \alpha_{113} + \alpha_{114} = 1$，权系数反映了三个指标的相对重要程度，可使用专家评分法得到。

实践能力反映了从事具体维修工作的能力，包括维修熟练程度指标 E_{121}、间接费用指标 E_{122} 和维修质量指标 E_{123}。显然，维修熟练程度越高则实践能力越高，间接费用越低则造成浪费少而实践能力越高，维修质量越高也表明实践能力越高。因此，实践能力为

$$E_{12} = E_{121}E_{122}E_{123} \qquad (7.13)$$

由于对干部和战士评估的侧重点不同，基本能力的评估采用加权模型：

$$E_1 = \alpha_{11}E_{11} + \alpha_{12}E_{12} \qquad (7.14)$$

其中权系数 $\alpha_{11}, \alpha_{12} \geq 0, \alpha_{11} + \alpha_{12} = 1$，权系数反映了两个指标的相对重要程度，可使用专家评分法得到。对干部而言，一般有 $\alpha_{11} > \alpha_{12}$；而评估战士时，一般有 $\alpha_{11} < \alpha_{12}$。

2）维修人员工作业绩评估

工作业绩 E_2 包括专利发明 E_{21}、论文 E_{22}、著述 E_{23}、维修工作量 E_{24}、立功受奖情况 E_{25} 以及参加演习次数 E_{26}。专利发明、论文、著述直接反映了工作的水平与质量，也反映了工作量，而立功受奖情况间接反映了工作质量，维修工作量与参加演习次数反映了执行任务情况。因此，工作业绩可以表示为

$$E_2 = (\alpha_{21}E_{21} + \alpha_{22}E_{22} + \alpha_{23}E_{23} + \alpha_{24}E_{24} + \alpha_{26}E_{26}) \times$$

$$(1 + \alpha'_{21}E_{21} + \alpha'_{22}E_{22} + \alpha'_{23}E_{23}) \times (1 + \alpha'_{25}E_{25}) \qquad (7.15)$$

式中：权系数 α_{21}、α_{22}、α_{23}、α_{24}、α_{26}、α'_{21}、α'_{22}、α'_{23}、α'_{25} 采用专家评分法给出，评估干部、战士使用的权系数不同。权系数满足

$$\alpha_{21} + \alpha_{22} + \alpha_{23} + \alpha_{24} + \alpha_{26} = 1$$
$$\alpha_{21}, \alpha_{22}, \alpha_{23}, \alpha_{24}, \alpha_{26}, \alpha'_{21}, \alpha'_{22}, \alpha'_{23}, \alpha'_{25} > 0 \qquad (7.16)$$

由于按照式（7.15）计算的工作业绩指标可能大于 1，采用式（7.3）、式（7.4）量化，假设量化后的结果为 E'_2。

3）维修人员创新能力评估

创新能力 E_3 包括专利发明 E_{31} 和解决新问题的能力 E_{32} 两部分，它们从不同角度反映了维修人员的创新能力，可以采用加权法评价：

$$E_3 = \alpha_{31}E_{31} + \alpha_{32}E_{32} \qquad (7.17)$$

其中权系数 $\alpha_{31}, \alpha_{32} > 0, \alpha_{31} + \alpha_{32} = 1$，采用专家评分法给出，评估干部、战士使用的权系数不同。

2. 维修人员维修保障能力综合评估

SAMM 指标包括基本能力、工作业绩和创新能力，它们反映了维修能力的不同方面，因而可以采用加权模型综合评估维修人员维修保障能力 E：

$$E = \alpha_1 E_1 + \alpha_2 E'_2 + \alpha_3 E_3 \qquad (7.18)$$

其中权系数 $\alpha_1, \alpha_2, \alpha_3 > 0, \alpha_1 + \alpha_2 + \alpha_3 = 1$，用专家评分法给出，评估干部、战士使用的权系数不同。

7.1.4　实例分析

例 7.1.1　假设需要评估 5 个维修人员（干部）的维修能力，他们的各项指标值、权系数以及评价结果见表 7.1.5。从表 7.1.5 可以看出，评价结果差异很大，最大值是维修人员 1 的评价值，达到 0.854，而最小值为维修人员 5 的评价值 0.158。维修人员 2、3（二人同为本科学历）之间的差异较大，主要原因是维修人员 3 的发明专利、论文、著述不及维修人员 2，这种结果反映了科技是第一生产力、科技强军的思想。较大的差异有利于评定维修干部的职称，也有利

于正确引导维修人员朝向组织的长远发展目标奋斗,从而能够较好地促使所属人员发现差距、迎头赶上。因此,使用这种评估方法将大大提高维修人员的维修能力,也说明 SAMM 评估方法是一种有效、合理的综合评估方法。

表 7.1.5　维修人员各项指标量化、评价值

指标	权系数		人员 1	人员 2	人员 3	人员 4	人员 5
	干部	战士					
学历与培训情况 E_{111}	—		1	0.8	0.8	0.6	0.2
论文 E_{112}	0.2		0.8	0.3	0.2	0.1	0
专著 E_{113}	0.2		0.3	0.4	0.2	0	0
考核成绩 E_{114}	0.6		0.9	0.7	0.7	0.6	0.2
理论水平 E_{11}	0.7		0.76	0.448	0.4	0.228	0.024
维修熟练程度 E_{121}	—		0.7	0.9	0.8	0.9	0.95
维修质量 E_{122}	—		1.0	0.9	0.9	0.85	0.7
维修间接费用 E_{123}	—		0.9	0.7	0.8	0.6	0.5
实践能力 E_{12}	0.3		0.63	0.567	0.576	0.459	0.333
基本能力 E_1	0.3		0.721	0.484	0.453	0.297	0.124
专利与发明 E_{21}	0.1	0.4	0.3	0.1	0	0	0
论文 E_{22}	0.1	0.3	0.8	0.3	0.2	0.1	0
专著 E_{23}	0.1	0.3	0.3	0.4	0.2	0	0
维修工作量 E_{24}	0.6	—	0.8	0.9	0.9	0.95	0.98
立功受奖情况 E_{25}	—	0.05	0.8	0.6	0.5	0.3	0.1
参加演习次数 E_{26}	0.1	—	0.9	0.85	0.8	0.7	0.5
工作业绩 E_2	—		1.07	0.908	0.758	0.68	0.641
工作业绩 E_2'	0.5		0.964	0.764	0.39	0.212	0.145
解决问题的能力 E_{31}	0.8		0.9	0.6	0.7	0.5	0.3
专利与发明 E_{32}	0.2		0.3	0.1	0	0	0
创新能力 E_3	0.2		0.78	0.5	0.56	0.4	0.24
维修能力 E	—		0.854	0.627	0.443	0.275	0.158

7.1.5　小结

SAMM 的评估涉及很多因素,评价相对复杂。针对具体问题,构造评价方法的依据是问题内部存在的客观机理,它表现为影响目标的各因素与

目标的关系,单纯一种评价方法很难正确反映这种关系。详细分析了影响 SAMM 的主要因素,把影响因素分为三个层次,结合不同因素的特点采用相应的量化方法,建立了各层次综合评价模型,最后得到了维修能力的评估模型。文中使用的评价标准随着维修人员全面素质的提高而自动提高,这有利于全面提高维修人员的维修能力,永远是"没有最好,只有更好"。模型中部分子模型是加权模型,评价部门可以根据组织的目标确定相应的权系数,从而正确引导下属维修人员努力实现组织的长远发展目标。

7.2　备件库保障能力评估方法

备件库保障能力评估是维修机构维修保障能力评估的重要一环,也是维修机构管理工作中的重要组成部分,评估结果可以作为合理配置维修力量的依据。科学、合理的备件库保障能力评估方法有助于提高备件库的保障能力,促进备件库管理现代化、信息化。从查到的文献来看,专门评估备件库保障能力的文献较少。一般的系统评价方法很多,文献[1]中列出了很多评价方法,如模糊综合评判法、层次分析法、价值分析法、统计量化方法、矩阵法和相关树法等,这些方法是一些基本的方法。在实际应用中,由于应用对象的特殊性和系统复杂性,往往需要构造更加合适的评价模型。

粗略地说,对装备保障能力的评估大多可用模糊综合评判方法、层次分析法等加权模型[2],而备件库保障能力及其影响因素的复杂关系使得备件库保障能力评估是一个相对复杂的评价模型,简单的加权模型不能较好地反映多个影响因素对维修保障能力的影响。系统效能分析(System Effectiveness Analysis,SEA)方法[6-9]是一种较好的系统效能评估方法,SEA 方法认为系统效能表现为系统轨迹中的点落入使命轨迹内的概率[8]。显然,SEA 方法没有考虑环境因素的变化,而备件库保障能力评估需要考虑环境因素的变化。文献[10]提出了给定备件寿命分布时可修、不可修备件保障度评估的方法。对备件库保障能力评估时,需要对它所提供备件的保障能力进行评估,但这种评估有特殊的背景,与文献[10]略有不同。

综合分析了影响备件库保障能力的主要因素,建立了备件库保障能力指标体系,建立了备件库保障能力评估模型,在指标量化的基础上逐层综合,最后得到备件库保障能力。由于一些指标量化过程中总是采用横向比较的方式得到他的量化结果,随备件库整体保障水平的提高,对备件库保障能力评价的标准也会相应的变化,这使得本模型具有一定的自适应性。调整综合评估模型中的参数,可以使评估模型更紧密地与备件库的长远建设目标相结合,逐步提高备件库的保障能力。

7.2.1 备件库保障能力指标体系

备件库保障能力是指备件库储备、保养、供应备件的能力。备件库保障能力包括备件保障能力、备件储备保养能力、备件库便利性、备件库管理能力。具体指标体系如图 7.2.1 所示。

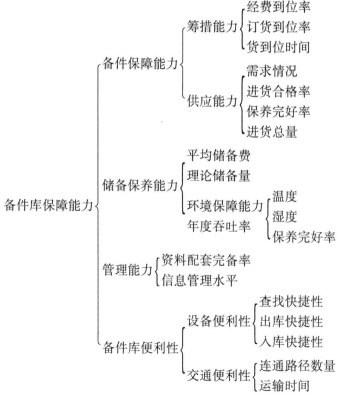

图 7.2.1 备件库保障能力指标体系

7.2.2　备件库保障能力指标量化与评估

由于备件库保障能力指标体系由多个层次指标组成,需要量化底层指标。评价指标可以分为定性指标和定量指标两种,定性指标采用专家评分法量化,而定量指标则采用定量方法量化。量化指标时,需要合理制定参照标准。如果标准太高,几乎不能达到,备件库保障能力评估达不到激励的目的;同样,如果标准太低,大部分都可以达到,同样不能分出能力层次,从而无法促进组织朝更大目标发展。在指标量化过程中,有许多指标的量化结果是相对的。

1. 定量指标量化方法

定量指标量化模型主要有以下三种:指标值越大越好时的量化模型,指标值越小越好时的量化模型,指标值越接近给定范围越好时的量化模型。

如果指标值越大越好,则可以采用式(7.1)量化:

$$f_{\rm L}(x,\beta,\sigma) = \begin{cases} 1, & x \geqslant \beta \\ {\rm e}^{-\frac{(x-\beta)^2}{\sigma^2}}, & x < \beta \end{cases} \tag{7.19}$$

式中: β 表示满足需求的评价对象指标值; x 表示评价对象的指标值; σ 表示指标散布参数; $f_{\rm L}(x,\beta,\sigma)$ 表示评价对象指标量化值。

指标值越大越好时,除了采用式(7.1)量化外,还可以使用概率表达式(7.3)量化:

$$f_{\rm L}(x_i) = \int_{-\infty}^{x_i} \frac{1}{\sqrt{2\pi}\,\sigma} {\rm e}^{-\frac{(x-\bar{x})^2}{2\sigma^2}} {\rm d}x \tag{7.20}$$

式中: x_i 表示评估对象 i 的某项指标值; $\bar{x}$、σ 分别为 x_i 的均值与标准差。

如果指标值越小越好,则采用式(7.5)量化:

$$f_{\rm S}(x,\alpha,\sigma) = \begin{cases} 1, & x \leqslant \alpha \\ {\rm e}^{-\frac{(x-\alpha)^2}{\sigma^2}}, & x > \alpha \end{cases} \tag{7.21}$$

式中: α 表示满足需求的评价对象指标值; x 表示评价对象的指标值; σ 表示指标散布参数; $f_{\rm S}(x,\beta,\sigma)$ 表示评价对象指标量化值。

如果指标值越靠近给定范围$[\alpha,\beta]$越好,则采用式(7.7)量化:

$$f_{\mathrm{M}}(x,\alpha,\sigma_1,\beta,\sigma_2) = \begin{cases} \mathrm{e}^{-\frac{(x-\alpha)^2}{\sigma_1^2}}, & x < \alpha \\ 1, & \alpha \leqslant x \leqslant \beta \\ \mathrm{e}^{-\frac{(x-\beta)^2}{\sigma_2^2}}, & x > \beta \end{cases} \qquad (7.22)$$

式中:$[\alpha,\beta]$表示满足需求的评价对象指标值的范围;x表示评价对象的指标值;σ_1、σ_2表示指标散布参数;$f_{\mathrm{M}}(x,\alpha,\sigma_1,\beta,\sigma_2)$表示评价对象指标量化值。

在式(7.1)、式(7.5)和式(7.7)中,都包含一些参数(如α、β、σ、σ_1、σ_2等),这些参数不是一成不变的,可以根据全体参评对象的实际情况确定。

2. 备件保障能力指标量化

备件保障能力主要从备件筹措能力、供应能力两个方面衡量。

1)备件筹措能力指标量化与评估

备件筹措能力可以从筹措备件所需经费、筹措备件到位率、筹措备件到位时间三个方面考虑。在备件筹措过程中,可以假设所需经费都能到位率$m_{\mathrm{sa}}^{(i)}$,而筹措备件到位率可以用备件订货数量、实际供货数量的比值描述:

$$p_{\mathrm{sa}}^{(i)} = s_{\mathrm{a}}^{(i)}/s_{\mathrm{o}}^{(i)} \qquad (7.23)$$

式中:$p_{\mathrm{sa}}^{(i)}$、$s_{\mathrm{o}}^{(i)}$、$s_{\mathrm{a}}^{(i)}$分别表示第i类备件筹措到位率、订货数量与订货到位数量。

备件筹措到位所需时间越短越好,可按照式(7.5)量化。一类备件筹措到位所需时间用它最后一批备件到位所需时间$t_{\mathrm{a}}^{(i)}$表示。备件到位所需时间越短越好,量化结果为

$$u_{\mathrm{at}}^{(i)} = f_{\mathrm{S}}(t_{\mathrm{a}}^{(i)},t_{\mathrm{b}}^{(i)},\sigma_{\mathrm{a}}^{(i)}) \qquad (7.24)$$

式中:$t_{\mathrm{b}}^{(i)}$、$\sigma_{\mathrm{a}}^{(i)}$分别表示满意的最长交货时间、散布参数。

由于备件到位的时间超出一定范围后备件保障能力为0,而没有经费支撑时得不到备件,订购备件到位率则反映了有多少备件用于维修保障。因此备件筹措能力可以表示为

$$E_{11} = \sum_{i=1}^{n} \alpha_{a}^{(i)} u_{at}^{(i)} p_{sa}^{(i)} m_{sa}^{(i)} \qquad (7.25)$$

式中：$\alpha_a^{(i)}$、n 分别表示第 i 类备件按时筹措的重要性、备件类别数。

2）备件供应能力指标量化与评估

备件供应能力反映了各类备件保障实际需求的程度。任意一类（类别 i）备件主要受进货总量 $s_a^{(i)}$、进货合格率 $p_{sq}^{(i)}$、保养完好率 $p_{ss}^{(i)}$ 以及备件需求的概率分布 $F_{sd}^{(i)}(x_i)$ 影响，$F_{sd}^{(i)}(x_i)$ 表示第 i 类备件需求量不超过 x_i 的概率，这类备件供应能力为

$$E_{12}^{(i)} = F_{sd}^{(i)}(s_a^{(i)} p_{sq}^{(i)} p_{ss}^{(i)}) \qquad (7.26)$$

全部备件的供应能力为

$$E_{12} = \sum_{i=1}^{n} \alpha_{12}^{(i)} E_{12}^{(i)} \qquad (7.27)$$

式中：$\alpha_{12}^{(i)}$、n 表示第 i 类备件供应能力的重要性、备件类别数。

3）备件保障能力

备件保障能力 E_1 可以看作备件筹措能力与备件供应能力的乘积，即

$$E_1 = E_{11} E_{12} \qquad (7.28)$$

3. 储备保养能力指标量化

备件储备保养能力指标包括平均储备费、平均储备率、年度吞吐率、保养能力。下面对各项指标进行量化，然后综合评估储备保养能力。

1）平均储备费用量化。

平均储备费是年度储备费用与年度储备备件总费用的比值 r_{cs}。储备备件费用指备件库年度支出总费用，包括设施、设备使用费（折旧费）、员工工资、水电费等。由于这一比值越小越好，因此，可以采用式（7.5）量化，量化结果 r'_{cs} 是不同备件库的平均储备费用相互比较的结果。

2）平均储备率量化

平均储备率反映了备件库利用率。由于实际储备量随时间变化，一般实际储备量可以采用一年的平均储备量 S_{as} 衡量。平均储备率为

$$S_{as} = \frac{1}{365} \sum_{j=1}^{365} S_s^{(j)}$$

$$r_{as} = f_M(S_{as}, I_s, \sigma_s, I_s, \sigma_s)$$

(7.29)

式中：$S_s^{(j)}$、I_s、σ_s 分别表示第 j 天储备量、理想储备量及散布偏差。

3）年度吞吐率

备件库年度吞吐率反映了备件库作为中转场地的利用效率。年度吞吐率为年度出货总量与理想储备量的比值 r_{os}，不同备件库的备件吞吐率越大越好，用式(7.1)量化得 $r'_{os} = f_L(r_{os}, \mu_{os}, \sigma_{os})$，$\mu_{os}$、$\sigma_{os}$ 分别表示备件吞吐率的最低要求、散布偏差。

4）环境保障能力

备件库的环境保障能力主要从保养完好率、温度、湿度三个方面考虑。一般要求备件库温度、湿度控制在一定范围内，因此可以利用式(7.7)量化温度、湿度。假设温度、湿度控制能力分别为 c_t、c_h，保养完好率为

$$p_{ss} = \sum_{i=1}^{n} \alpha_{12}^{(i)} p_{ss}^{(i)}$$

(7.30)

那么保养能力为

$$c_{ms} = \alpha_{th} c_t c_h + \alpha_{ss} p_{ss}$$

(7.31)

其中权系数 $\alpha_{th}, \alpha_{ss} \geq 0, \alpha_{th} + \alpha_{ss} = 1$。

备件库的平均储备费用、平均储备率、年度吞吐率从不同角度反映了备件储备能力，所以储备保养能力可以表示为

$$E_2 = c_{ms}(\alpha_{cs} r'_{cs} + \alpha_{as} r_{as} + \alpha_{os} r'_{os})$$

(7.32)

其中权系数 $\alpha_{cs}, \alpha_{as}, \alpha_{os} \geq 0, \alpha_{cs} + \alpha_{as} + \alpha_{os} = 1$。

4. 备件库便利性

备件库便利性主要考虑备件库设施、设备使用的便利性，综合二者得到备件库的便利性。

1）设备便利性

设备便利性 E_{31} 主要通过使用设备完成备件的出库、入库以及备件查找所需时间反映出来。备件查找便利性 E_{311} 反映了接到备件需求后快速查找备件的能力，它是备件合理分类与自动化管理的综合反映，用

218

式(7.5)量化备件查找时间的结果衡量。备件入库便利性 E_{312} 反映了相关设备快速搬运备件并摆放到位的综合能力,用式(7.5)量化备件入库时间的结果衡量。备件出库便利性 E_{313} 反映了相关设备从库房快速搬运备件装车的综合能力,用式(7.5)量化备件入库时间的结果衡量。

设备便利性可以表示为

$$E_{31} = \alpha_{311}E_{311} + \alpha_{312}E_{312} + \alpha_{313}E_{313} \qquad (7.33)$$

其中,权系数 $\alpha_{311}, \alpha_{312}, \alpha_{313} \geqslant 0, \alpha_{311} + \alpha_{312} + \alpha_{313} = 1$。

2)交通便利性

交通便利性主要是对备件库所处位置的交通能力进行衡量,主要指标如图 7.2.1 所示。针对规定的备件库保障区域内需求网点,确定备件库到需求点的连通路径数量、运输时间(使用相同运输设备)。假设备件库 i 负责向需求点 j 供应备件,共有可行路径数为 n_{ij},路径 k 所需运输时间为 t_{ijk}。

由于运输时间越短越好,可以采用式(7.5)量化运输时间,量化结果记为 t'_{ijk}。给定备件库到它的供应点的不同路径所需时间量化值越大,则它的交通越便利,令 t'_i 为

$$t'_i = \sum_{jk} t'_{ijk} \qquad (7.34)$$

采用式(7.3)量化 t'_i 得到备件库 i 的交通便利性指标 E_{32}。

3)备件库便利性

备件库便利性 E_3 可以表示为设备便利性与交通便利性的加权和,从而 E_3 可以表示为

$$E_3 = \alpha_{31}E_{31} + \alpha_{32}E_{32} \qquad (7.35)$$

其中,权系数 $\alpha_{31}, \alpha_{32} > 0, \alpha_{31} + \alpha_{32} = 1$。

5. 管理能力指标量化

管理能力指标包括资料配套完备率和信息管理水平。资料配套完备率用实际配备资料数量与应该配备资料数量的比值 r_r 衡量。信息管理水平是指备件库的备件信息管理的自动化程度 r_{ai}、备件信息处理程度 r_{pi} 以及信息管理安全性 r_{si} 等,可用专家评分法评价,各项指标加

权求和得到信息管理水平：

$$L_m = \alpha_{ai}r_{ai} + \alpha_{pi}r_{pi} + \alpha_{si}r_{si} \qquad (7.36)$$

其中，$\alpha_{ai}, \alpha_{pi}, \alpha_{si} > 0, \alpha_{ai} + \alpha_{pi} + \alpha_{si} = 1$。

管理能力 E_4 可以表示资料配套完备率 r_r 与信息管理水平 L_m 的加权和：

$$E_4 = \alpha_r r_r + \alpha_m L_m \qquad (7.37)$$

6. 备件库保障能力

备件库保障能力 E 主要包括备件保障能力 E_1、备件储备保养能力 E_2、备件库便利性 E_3、备件库管理能力 E_4。备件保障能力对备件库的保障能力有决定性影响，而其他三个因素从备件库的日常维护、保养等方面阐明了备件库的保障能力，因此备件库的保障能力可以表示为

$$E = E_1(\alpha_2 E_2 + \alpha_3 E_3 + \alpha_4 E_4) \qquad (7.38)$$

其中，$\alpha_2, \alpha_3, \alpha_4 > 0, \alpha_2 + \alpha_3 + \alpha_4 = 1$。

7.2.3 实例分析

例 7.2.1 假设一个备件库主要存储三类备件，相关数据见表 7.2.1。按照 1 中的量化方法和 2 中的模型计算可得：一级指标备件保障能力 E_1 的值为 0.722。假设使用 3~5 中的模型可求得

$$E_2 = 0.9, \quad E_3 = 0.85, \quad E_4 = 0.95$$

表 7.2.1　备件相关数据及指标量化结果

指标	备件 1	备件 2	备件 3	指标	备件 1	备件 2	备件 3
满意的最长交货时间 $t_b^{(i)}$	5	3	3	备件订货数量 $s_o^{(i)}$	3000	2000	5000
交货时间散布参数 $\sigma_a^{(i)}$	1	1	1	备件供货数量 $s_a^{(i)}$	2700	2000	4800
备件筹措到位所需时间 $t_a^{(i)}$	4	3	2	筹措备件到位率 $p_{sa}^{(i)}$	0.9	1	0.96
备件到位时间量化结果 $u_{at}^{(i)}$	1	1	1	进货合格率 $p_{sq}^{(i)}$	0.95	0.9	0.8

指标	备件1	备件2	备件3	指标	备件1	备件2	备件3
经费到位率 $m_{sa}^{(i)}$	1	1	1	保养完好率 $p_{ss}^{(i)}$	0.9	0.95	1
备件按时筹措的重要性 $\alpha_a^{(i)}$	0.3	0.2	0.5	备件供应能力 $E_{12}^{(i)}$	0.8	0.85	0.7
备件筹措能力 E_{11}	0.95			备件供应能力 重要性 $\alpha_{12}^{(i)}$	0.3	0.2	0.5
备件保障能力 E_1	0.722			全部备件供应能力 E_{12}	0.76		

假设使用层次分析法得到一级指标储备保养能力、管理能力和备件库便利性的重要度分别为

$$\alpha_2 = 0.4, \quad \alpha_3 = 0.3, \quad \alpha_4 = 0.3$$

则某备件库保障能力为

$$E = E_1(\alpha_2 E_2 + \alpha_3 E_3 + \alpha_4 E_4) = 0.722 \times 0.9 = 0.6498$$

7.2.4 小结

备件库保障能力评估包含指标较多，上层指标与下层各指标之间关系较为复杂，一般不能用简单的加权法由底层指标值获得上层指标值。备件库保障能力评估模型根据指标之间的关系建立了混合评估模型，有最底层指标逐步得到最上层指标，而在指标量化时总是使用相对量化值，即同类指标相比较的结果。这样，可以确保每次评价都是在更高层次上进行，达到鼓励先进、鞭策后进的作用。备件库保障能力评估模型的应用将对进一步提高备件库管理水平及其保障能力具有重要的意义，本模型的思路也可以用于解决其他系统的评估。

7.3 维修机构保障能力评估方法

维修机构保障能力评估是部队管理工作中的重要一环，也是维修机构职能发挥、发展的依据。由于维修机构所属维修人员、维修设施与

设备众多,并且维修机构的编制、体制结构等都对维修保障能力等产生影响,因而维修机构维修保障能力评估是一个比较复杂的问题。

文献[11]提出了装备维修系统效能评估的方法,只是对维修系统各组成要素进行了综合评估,评估结果与装备维修系统完成任务的能力联系不大。对此,为了科学评价维修机构保障能力,采用基于任务的评估方法对维修机构保障能力进行评估。

7.3.1 维修机构及其任务的组成

装备维修保障机构是由经过综合和优化的维修保障要素构成的总体,是由装备维修所需的物质资源、人力资源、信息资源以及管理手段等要素组成的系统。系统组成如图7.3.1所示。

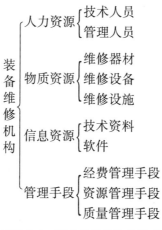

图 7.3.1 装备维修机构的组成

维修任务情况主要考虑维修任务量、完成维修任务的平均维修质量、完成维修任务所需的时间和经费等四个方面。由于在不同的管理手段下,执行维修任务所消耗的资源以及完成任务情况不同,因而管理手段主要通过其他因素反映。

假设一个维修机构的人力资源、物资资源和信息资源等信息已知,并且单位时间(单位:年)内完成的维修任务情况已知,则该维修机构的维修保障能力可以采用向量形式,表示为

$$E = (e_1, e_2, e_3, e_4, e_5, e_6, e_7) \tag{7.39}$$

式中：$e_1, e_2, \cdots, e_7$ 分别表示人力资源、物资资源、信息资源、维修任务完成量、完成维修任务的平均维修质量、完成维修任务所需的时间和经费。

7.3.2 维修机构保障能力指标量化

为了统一衡量不同资源对维修机构保障能力的影响，这里采用各种资源耗费的资金为度量。假设一个维修机构的不同级别、不同职务维修人员 j 年薪 e_{1j} 给定，则人力资源 e_1 的计算表达式为

$$e_1 = \sum e_{1j} \qquad (7.40)$$

假设各种物资资源 j 的年耗损费用（固定资产折旧费用）e_{2j} 已知，物力资源 e_2 的计算表达式为

$$e_2 = \sum e_{2j} \qquad (7.41)$$

假设各种信息资源 j 的年维护费用 e_{3j} 已知，信息资源 e_3 的计算表达式为

$$e_3 = \sum e_{3j} \qquad (7.42)$$

对于维修任务量，可用完成维修任务所需的平均时间与任务的难度系数来衡量。维修任务所需的平均时间是指由不同的维修机构承担统一维修任务所需时间的平均值，难度系数是指各维修任务在全部维修任务中的相对难易程度。如果选取某种最简单的维修任务为参考，它的难度系数定为 1，则其他任务的难度系数不低于 1。假设不同任务维修所需的平均时间 t_{4j} 以及任务的难度系数 α_{4j} 给定，总任务量为

$$e_4 = \sum \alpha_{4j} t_{4j} \qquad (7.43)$$

维修任务的维修质量可以使用专家评定法确定。维修质量最大值设定为 1，最小值设定为 0。根据多个专家评分结果，可以确定维修任务 j 的维修质量评分均值 e_{5j}，全部维修任务的平均维修质量为

$$e_5 = \sum_{j=1}^{n} \frac{e_{5j}}{n} \qquad (7.44)$$

式中：n 为维修任务项数。

223

假设维修任务 j 所需维修时间为 t_{6j}，所需费用为 e_{7j}，则全部维修任务所需时间和费用分别为

$$e_6 = \sum t_{6j} \qquad (7.45)$$

$$e_7 = \sum e_{7j} \qquad (7.46)$$

7.3.3 维修机构保障能力综合评估

为分析简便，分析人力资源、物资资源、信息资源、维修任务完成量、完成维修任务的维修质量、完成维修任务所需的时间和经费等七项指标对维修机构保障能力，假设只有一项指标值发生变化，而其他指标值不变。逐项分析维修机构保障能力各项指标对维修机构保障能力的影响，可以得到下述结论：

（1）只有人力资源变化时，e_1 越大，维修机构保障能力越小。

（2）只有物资资源变化时，e_2 越大，维修机构保障能力越小。

（3）只有信息资源变化时，e_3 越大，维修机构保障能力越小。

（4）只有维修任务完成量变化，但任务数量不变时，e_4 越大，维修机构保障能力越大。

（5）只有维修质量变化时，e_5 越大，维修机构保障能力越大。

（6）只有维修时间变化时，e_6 越大，维修机构保障能力越小。

（7）只有维修费用变化时，e_7 越大，维修机构保障能力越小。

通过分析，可以看出人力资源、物资资源、信息资源、完成任务所需的维修时间和经费为完成维修任务所需的"成本"，维修任务完成量和维修质量是产生的"效益"。因而，维修机构保障能力综合评估模型为

$$C = \frac{e_4(\alpha_5 e_5 + \alpha_6\, f(e_6))}{e_1 + e_2 + e_3 + e_7} \qquad (7.47)$$

式中：α_5 和 α_6 为权系数，满足式（7.48）；σ_4 为完成维修任务所需时间的标准差；$f(x)$ 的表达式为（7.49）。

$$\alpha_5 + \alpha_6 = 1\,(\alpha_5,\alpha_6 > 0) \qquad (7.48)$$

$$f(x) = \int_{-\infty}^{\frac{\sum t_{4j}-x}{\sigma_4}} \frac{1}{\sqrt{2\pi}} e^{-\frac{t^2}{2}} \mathrm{d}t \qquad (7.49)$$

按照式(7.47)得到的结果为一种绝对评估结果,可采用式(7.50)进行转换,得到相对评估值作为维修机构保障能力指标。

$$A_i = \frac{C_i}{\max_k C_k} \qquad (7.50)$$

式中: C_i 为维修机构 i 的保障能力综合评估值; A_i 为维修机构 i 的保障能力评估值。

例7.3.1 现有三个维修机构,一年内维修任务情况相关情况见表7.3.1。确定三个单位的维修保障能力。

表7.3.1 维修机构相关指标量化结果

维修机构	e_1 /万元	e_2 /万元	e_3 /万元	e_4/h	$\sum t_{4j}$	σ_4/h	e_5	e_6/h	e_7 /万元	α_6
甲	7.0	6.5	6.0	200000	180000	3000	0.95	175000	8.0	0.40
乙	6.5	6.5	6.5	205000	190000	4000	0.93	185000	7.9	0.40
丙	6.0	7.0	7.0	210000	200000	5000	0.92	195000	7.8	0.40

解: 按照式(7.47)计算各维修机构的保障能力,维修机构甲、乙、丙的保障能力评估结果分别为0.6916、0.6851、0.6712(h/元)。按照公式计算,可得维修机构甲、乙、丙的保障能力分别为1、0.9906、0.9704。

从例7.3.1的计算结果看,维修机构甲的保障能力最高,维修机构丙的保障能力最低,三个维修机构保障能力基本接近。这种评价结果不是永恒的,在下一年度评价中,各机构维修任务完成情况、维修费用等都会发生变化,而模型式(7.47)、式(7.50)中的量也会相应发生变化。因而,对处于良性竞争的多个维修机构而言,使用本评价方法,将会促进各维修机构努力提高自身素质,降低维修成本,提高维修质量,缩短完成维修任务所需时间。

7.3.4 小结

维修机构保障能力评估方法很多,本章评价模型更看重评价对象的"成绩",而不只是评价对象的"素质"。评价对象的"素质"主要通过成绩反映出来,如管理能力,将体现在各种资源的利用上,模型的主要特点是突出了维修任务完成情况对维修保障能力的影响。模型中不同因素对应成本之和对保障能力有影响,并且维修质量与维修任务完成量(用平均时间度量)对保障能力有影响,影响较大的因素是维修质量、维修任务完成量和完成维修任务所需时间。

参 考 文 献

[1] 汪应洛.系统工程[M].北京:机械工业出版社,1999:50－58.

[2] 王学义,孙德宝.部队装备维修保障能力研究[J].军械工程学院学报,2002,14(1):42－46.

[3] 袁洪涛,马振声,王钰,等.装甲装备维修保障能力评估初探[J].兵工学报——坦克装甲车与发动机分册,2000,(3):59－64.

[4] 张学明.军队高校专业技术资格评审指标体系研究[A].国防科学技术大学研究生院学位论文,2003－12.

[5] 许瑾.职称评定文献指标计量评价模式[J].西北建筑工程学院学报,2000(9).

[6] Dersin P and Levis AH. Large scale system effectiveness analysis[J]. LIDS-FR－1072,1981.

[7] Levis A H, Houpt P K and Andreadakis S K. Effectiveness analysis of automotive systems [J]. LIDS-P－1383,1984.

[8] 吴晓锋,周智超.SEA方法及其在CI系统效能分析中的应用——(I)概念与方法[J].系统工程理论与实践,1998,(11):66－69.

[9] 李志猛.基于SEA的系统效能评价研究[D].武汉:国防科学技术大学研究生院学位论文,2003.

[10] 张建军,李树芳,张涛,等.备件保障度评估与备件需求量模型研究[J].可靠性与环境适应性理论研究,2004,(6):18－22.

[11] 穆富岭,武昌,吴德伟.维修保障系统销能评估中的变权综合法初探[J].系统工程与电子技术,2003,25(6):693－696.